U0724200

有机茶生产
与加工技术

强继业 单治国 张春花 著

沈阳出版发行集团
沈阳出版社

图书在版编目（CIP）数据

有机茶生产与加工技术 / 强继业，单治国，张春花
著 . -- 沈阳 : 沈阳出版社，2021.1
ISBN 978-7-5716-1564-2

Ⅰ.①有… Ⅱ.①强… ②单… ③张… Ⅲ.①无污染
茶园 – 生产技术②制茶工艺 Ⅳ.① S571.1 ② TS272.4

中国版本图书馆 CIP 数据核字 (2021) 第 021058 号

出版发行：沈阳出版发行集团 ｜ 沈阳出版社
　　　　　（地址：沈阳市沈河区南翰林路 10 号　邮编：110011）
网　　　址：http://www.sycbs.com
印　　　刷：定州启航印刷有限公司
幅面尺寸：170mm×240mm
印　　张：12.25
字　　数：232 千字
出版时间：2021 年 6 月第 1 版
印刷时间：2021 年 6 月第 1 次印刷
责任编辑：周　阳
封面设计：优盛文化
版式设计：优盛文化
责任校对：毕玉良
责任监印：杨　旭

书　　　号：ISBN 978-7-5716-1564-2
定　　价：65.00 元

联系电话：024-24112447
E－mail：sy24112447@163.com

本书得到 2019 年普洱学院学术著作出版资助项目的大力支持。

本书还得到以下项目资助：

云南省教育厅科学研究基金项目"普洱茶贮存陈化工艺与品质关系的研究（项目代码：2018JS513）"；

普洱学院重点项目"冲泡条件对普洱茶中品质成分溶出规律的影响（项目代码：K2018012）"；

云南省教育厅科学研究基金项目"普洱固态发酵的微生物宏转录组研究初探（项目代码：K2017058）"；

云南省教育厅"农学专业普洱茶实验实习实训基地与加工技术创新服务中心项目（项目批准文件：云高教 2015-56 号）；

普洱学院高层次人才科研启动项目"云南茶云纹叶枯病发生条件及病害对茶树相关成分的影响（项目代码：K2015032）"；

云南省中青年学术与技术带头人后备人才项目（项目代码：2014HB027）；

普洱学院"普洱考烟草、茶叶科技创新研究团队"（项目代码：K2017047）；

国家现代农业产业园创建项目：思茅区国家现代农业产业园（茶产业）建设项目；

普洱创新创业（双创）平台项目（财农〔2017〕118 号，项目代码：Z175070020002）；

思茅区茶叶和特色生物产业发展中心科技项目：思茅区常规茶园转化有机茶园研究项目；

国土资源部"西南多样性区域土地优化配置与生态整治科技创新团队"开放基金项目"澜沧江流域茶叶景观格局变化及其生态环境效应"；

普洱市傅伯杰院士工作站项目（普科发〔2017〕31 号）"景迈山茶园生态结构与功能研究"；

普洱学院生物安全与生物产业创新团队项目（项目代码：CXTD005）；

普洱市科技局科技计划项目（项目代码：2014kjxm01）。

有机农业是遵照一定的有机农业生产标准，在生产中不采用基因工程获得的生物及其产物，不使用化学合成的农药、化肥、生长调节剂、饲料添加剂等物质，遵循自然规律和生态学原理，协调种植业和养殖业的平衡，采用一系列可持续发展的农业技术以维持持续稳定的农业生产体系的一种农业生产方式。有机农业可向社会提供无污染、好口味、食用安全的环保食品，有利于人民身体健康，减少疾病发生，同时可以减轻环境污染，恢复生态平衡。

有机茶叶是一种无污染、纯天然的茶叶，按照有机农业的方法进行生产加工而成。在其生产过程中，完全不施用任何人工合成的化肥、农药、植物生长调节剂、化学食品添加剂等物质，并符合国际有机农业运动联盟（IFOAM）标准，经有机（天然）食品颁证组织授予证书。

本书是为了实现有机茶推广目标，编写而成。本书共分为十章，第一章介绍了有机茶的概念、历史与现状、技术、生产标准与规范等；第二章介绍了有机茶基地建设，包括有机茶基地的选择、建设、转换、茶园生态环境建设和茶树的培育；第三章对有机茶园的土壤管理进行了介绍，包括茶园的耕作技术、铺草技术、蚯蚓放养和绿肥种植技术等；第四章阐述了有机茶园的施肥，包括施肥需要注意的事项、如何处理和施用各种肥料；第五章阐述了有机茶园病虫草害的防治技术以及具体的防治方法；第六章介绍了有机茶加工工厂选择、鲜叶原料的采用以及有机茶加工技术等；第七章介绍了有机茶的包装与标志，包括包装的要求与标签的使用，中国有机产品认证标志、有机码等以及有机茶销售的要求；第八章对有机茶的运输与销售进行了介绍，包括有机茶的贮藏、运输、销售等；第九章阐述了有机茶生产的认证与管理，包括有机茶的认证程序、认证检查程序、有机茶的管理文件与记录、有机茶的检查、有机茶的召回与投诉以及如何改进有机茶的管理体系等；第十章介绍了有机茶的冲泡与品饮，较为详细地说明了如何对有机茶进行冲泡、品饮的要义与不同种类的有机茶的品饮方法。

在编写本书时，笔者尽可能避免了对专业术语和生产过程作过于冗长的描述，而是把重点放在一个个实际的问题上，争取用通俗易懂的文字、深入浅出的表达方式以及形象生动的图片，让读者能更方便理解与领悟有机茶生产与加工的基本要求。

本书在撰写过程中参考和借鉴了部分专家、学者的研究成果和观点，由于出版时间紧，未能及时与相关作者取得联系，在此致以最诚挚的谢意。另外，由于时间和精力有限，书中难免存在局限与差错，不足之处敬请指正。

目录
Contents

第一章　有机茶概述

第一节　有机茶的概念

有机茶是按照有机农业理念进行生产的一种有机产品。

有机产品是指来自有机农业生产体系，根据有机农业生产要求和相应标准生产、加工、销售，并通过独立的有机产品认证机构认证，供人类消费、动物食用的产品。有机产品的主体是有机食品，如粮食、蔬菜、水果、茶、奶制品、畜禽产品、蜂蜜、水产品、调料等食品，除有机食品外，还有有机化妆品、纺织品、林产品、皮革、动物饲料、生物农药、有机肥料等，统称为有机产品。

有机产品必须同时具备四个条件：

①原料必须来自已经建立或正在建立的有机农业生产体系，或采用有机方式采集的野生天然产品；

②产品在整个生产过程中必须严格遵循有机产品的加工、包装、储藏、运输等要求；

③生产者在有机产品的生产和流通过程中，有完善的跟踪审查体系和完整的生产和销售的档案记录；

④必须通过独立的有机产品认证机构的认证审查。

有机食品是指在生产和加工过程中不使用人工合成的农药、化肥、激素、食品添加剂等物质，不使用转基因技术的真正源于自然、富营养、高品质的环保型安全食品，包括粮食、蔬菜、水果、奶制品、畜禽产品、水产品、蜂产品及调料等。有机食品这一名词是从英文 Organic food 直译过来的，在其他语言中也有叫生态食品或生物食品的（日本称为自然食品）。

有机食品需要满足五个基本要求：

①原料必须来自已经或正在建立的有机农业生产体系，或是采用有机方式采集的野生天然产品；

②在整个生产过程中必须严格遵循有机食品加工、包装、储存、运输标准；

③必须有完善的全过程质量控制和跟踪审核体系，并有完整的记录档案；

④其生产过程不应污染环境和破坏生态，而应有利于环境与生态的持续发展；

⑤必须获得独立的有资质的认证机构的认证。

有机农业（Organic agriculture）是指遵照特定的农业生产原则，在生产中不采用基因工程获得的生物及其产物，不使用化学合成的农药、化肥、生长调节剂、饲料添加剂等物质，遵循自然规律和生态学原理，协调种植业和养殖业的平衡，采用一系列可持续发展的农业技术以维持持续稳定的农业生产体系的一种农业生产方式。联合国食品法典委员会（CAC）对有机农业做出了肯定：有机农业是促进和加强农业生态系统的健康，包括生物多样性、生物循环和土壤生物活动的整体生产管理系统；有机农业生产系统基于明确和严格的生产标准，致力于实现具有社会、生态和经济持续性最佳化的农业生态系统；有机农业强调因地制宜，优先采用当地农业生产投入物，尽可能地使用农艺、生物和机械方法，避免使用合成肥料和农药。总而言之，有机农业生产系统是基于土壤、植物、动物、人类、生态系统和环境之间的动态相互作用的原则，主要依靠当地可利用的资源，提高自然中的生物循环。国内外有机农业的实践表明，有机农业耕作系统比其他农业系统更具竞争力。有机生产体系在使不利影响达到最小化的同时，可以向社会提供优质健康的农产品。

有机茶是在原料生产过程中遵循自然规律和生态学原理，采取有益于生态和环境的可持续发展的农业技术，不使用合成的农药、肥料及生长调节剂等物质，在加工过程中不使用合成的食品添加剂的茶叶及相关产品。也就是说，有机茶原料的产地必须符合中华人民共和国农业行业标准 NY 5199—2002《有机茶产地环境条件》，生产按 NY/T 5197—2002《有机茶生产技术规程》操作，加工符合 NY/T 5198—2002《有机茶加工技术规程》，产品达到 NY 5196—2002《有机茶》的要求。有机茶对环境、生产、加工和销售环节都有严格的要求。它完全不同于野生茶、无公害茶和绿色食品茶。根据有机茶农业行业标准，有机茶园生态环境是友好型的，栽培管理环保、低碳、高效，加工过程是安全无污染的，流通过程实行标志管理可追溯，因此有机茶是一种安全、环保、优质、时尚的饮品。

第二节　有机茶生产历史与现状

有机茶生产是 20 世纪 80 年代始于斯里兰卡，随后在印度、肯尼亚等国家相继出现了有机茶茶园和有机茶生产。在国际有机食品市场的推动下，1990 年浙江省临安市东坑、裴后茶场首获荷兰有机食品认证机构 SKAL 有机认证，并由浙江省茶叶进出口公司第一次将中国有机茶出口到欧洲，标志着中国有机农业的正式起步。中国悠久的传统农业生产为有机茶生产奠定了良好的基础，尤其是中国茶园大部分都分布在生态良好、风光秀丽、山清水秀、污染较少的山区和半山区，这为开发有机茶生产创造了良好的环境条件。

由于有机茶生产在保护环境和改善品质方面的价值不能通过其最终产品直观地反映出来，因此，作为有机生产系统的产品，应有某种特殊标志以区别于常规产品。为了保证有机茶产品的质量，维护生产者和消费者的权益，适应国内外茶叶市场的变化和需求，中国农业科学院茶叶研究所依托该所的技术力量、优势和农业部（现为农业农村部）茶叶质量检测中心的检验能力，参考国际惯例和通行做法，开展有机茶认证工作，于 1999 年 3 月成立了中国农业科学院茶叶研究所有机茶研究与发展中心（OTRDC），现为中国科学院茶叶研究所茶叶质量认证发展研究中心，OTRDC 成立以后，在当时国内没有有机茶和有机产品标准的情况下，根据国际有机农业运动联盟（IFOAM）基本标准的准则和我国茶叶生产的实际情况，引用和参照有关的国内外标准，制订了《OTRDC有机茶颁证标准》并通过专家审定。培训并建立了一支综合素质较高的有机茶检查员队伍，按照 IFOAM 标准、参照认证机构规定和茶叶行业的实际情况，制定建立了一套较为完善的、与国际通行做法接轨的有机茶的认证体系和认证程序，成立了一个在茶叶行业中有代表性的颁证委员会，并进行有机茶的认证实践，将有机茶产品推向市场，逐步发展有机茶生产。

有机茶生产作为一种在生产过程中不使用化学合成物质、采用环境资源有益技术为特征的生产体系，正逐渐成为提高茶叶质量和竞争力、保护生态环境、节约自然资源的重要生产方式，受到各级政府和部门、企业和茶农的广泛重视。近几年，经过各界多方共同努力，特别是在全国"无公害食品行动计划"的部署下，在 2002 年农业部（现为农业农村部）发布和实施 NY 5196—2002《有机茶》等 4 个农业行业标准以来，有机茶的开发步伐明显加快。有机茶显著的经济效益、生态效益和社会效益，对中国茶叶整个产业产生了较大影响，有机茶逐渐引起茶叶界及各级政府的重视，浙江、江西、湖北、四川、云南、安徽、湖南、福建、贵州、广东、重庆等茶叶主产省和直辖市先后起动"有机茶工程"，制定了有机茶的发展规划，进一步加速和促进了中国有机茶的发展。浙江、湖北、四川、安徽、福建、云南、江西、湖南、江苏、广东、广西、河南、山东、陕西、甘肃、贵州、重庆、西藏、上海、海南等省（直辖市、自治区），都先后生产和销售有机茶，涌现了北京更香茶叶有限公司、湖南茶叶总公司、江西大鄣山绿色集团、浙江义乌道人峰茶厂、浙江宁海望府茶叶有限公司、四川心道有机茶有限公司、四川叙府茶业有限公司和安徽新安源有机茶公司等一批有机茶生产销售企业，产品出口到欧洲、美国、日本、韩国、马来西亚、新加坡等国家和地区，其价格比普通茶高出 50% 左右，经济效益十分明显。

中国农业发展进入新阶段以后，现代农业建设步伐明显加快，发展有机食品，体现了高产、优质、高效、生态安全等现代农业发展的基本目标和方向。在中国农村改革开放 30 周年之际，党的十七届三中全会做出了《关于推进农村改革发展若干重大问题的决定》，提出"支持发展绿色食品和有机食品"，进一步明确了有机食品产业发展的政策导向。

开发有机茶的意义不仅是这一类产品满足市场需求，其更重要的意义在于通过有机农业生产方式，提高茶农科学、合理地使用化肥和农药的意识，改善茶园生态状况，促进茶叶生产和消费无公害化，从整体上推动提高茶叶卫生质量水平，带动茶业相关产业的发展；带来生物多样性以及其他环境服务方面的益处，促进茶业可持续发展，同时也加快了广大茶区低碳农业生产的进程。

各级地方政府积极推进以有机茶为代表的有机农业，如浙江、江苏、湖北、云南等省配套相应的鼓励发展政策，还有一些地方政府除了制定相应的优惠政策外，还配套一定的扶持方案发展有机茶，形成政府引导、企业自主发展的良好态势。中国有机茶之乡——浙江省武义县、安徽省休宁县、浙江省建德市、云南省普洱市思茅区，中国富锌富硒有机茶之乡——贵州省凤冈县，中国高山生态有机茶之乡——贵州省纳雍县，中国有机绿茶之乡——四川省马边县，有机茶园区——四川省洪雅县，有机茶标准化生产示范区江西省婺源县、浙江省义乌市、江西省上犹县、安徽省休宁县、安徽省泾县、广西壮族自治区昭平县、广西壮族自治区乐业县等区域性有机茶基地就比较有特色。据不完全统计，2018 年中国有机茶园面积（含有机转换）已超过 11.4 万公顷，认证的企业超过 1583 家，有机茶叶鲜叶产量达到 19.3 万吨。其中有机鲜叶产量约为 12.01 万吨，有机转化期鲜叶产量 7.29 万吨。近年来，我国有机茶的产量逐年增加，但其总量占我国茶叶总产量的比重还很小，由于市场的发展程度和消费习惯等原因影响，有机茶在国内的销售与消费比重也较小。未来，随着居民生活水平的提高，健康意识和环保意识将不断增强，消费者对有机茶的认知和接受程度会不断提高，有机茶的市场前景十分广阔。

第三节 有机茶技术

有机茶生产要求禁止使用人工合成的农药、化肥、除草剂和生长调节剂等物质，需要生产者运用一系列相关的有机农业技术来保证生产与开发的顺利进行。有机茶生产作为环境友好型、资源节约型、产品安全型农业生产方式，不同于传统农业的生产观念，强调遵循自然法则和可持续发展的理念，更加注重生态环境保护、生物多样性发展，在生产加工过程中不使用化学合成物质，最终实现人与自然的和谐发展。但有机茶不是传统农业的翻版，而是传统农业和现代科技的结合和升华，有机茶生产基地建设、栽培、加工、储运等过程都必须在传统农业基础上引用先进的现代科学技术与之结合。近年来，随着我国有机茶生产的发展，为实现有机茶生产能够做到有机、优质、高产和可持续发展的目标，许多科研单位和大中专院校等都开展了多方面的研究，取得了可喜的成果，许多有机茶生产单位也进行了大胆的实践，积累了很丰富的经验。这些技术成果和经验都是传统农业和现代科技结合的产物，具有丰富的科技内涵和应用价值，在有机茶生产中应因地制宜地大力采用。

1997年，南京环境科学研究所有机食品发展中心（OFDC）在中德合作技术（GTZ）有机茶生产大全公司的支持（项目经费400万马克）下实施"中国贫困地区的有机农业发展项目"。与国外专家、地方机构和农民生产者合作，在安徽大别山贫困山区开展了为期6年的有机农业扶贫工作。1998年，浙江省"三农五方"科研推广项目"有机茶关键技术研究和基地建设"，由浙江省农业厅委托中国农业省科学院茶叶研究所主持，项目为期3年。同年，安徽省霍山县得到荷兰王国政府2000万荷兰盾的无偿援助，加上中国政府配套资金，开始了为期5年的中荷扶贫项目"有机茶综合开发"。2006年—2010年，中国农业科学院茶叶研究所（简称中国农科院茶研所）承担了浙江省"三农五方"科技协作计划项目"复合生态模式有机茶园区关键技术研究及关联技术集成示范"。中国农业科学院茶叶研究所、中国农业大学、湖北省农业厅和湖北省农业科学院果树茶叶研究所、福建农林大学、广西壮族自治区农业厅、湖南农业大学、云南省农业科学院茶业研究所等相继实施了有机茶相关技术方面的课题和项目研究。经过不懈努力，在茶园病虫害的综合防治、种养结合、有机茶专用肥、生物农药的研制、物理防治新型技术等方面都取得了一些研究成果。

为将科研成果转化为生产力，中国农业科学院茶叶研究所有机茶研究与发展中心（OTRDC）现为中国农业科学院茶叶研究所茶叶质量认证发展研究中心和南京环球有机食品研究咨询中心（OFRC）等国内有机农业咨询机构一起，在各地农业部门、环保部门的支持下，通过开展科技培训、技术服务、出版科普读物、发放宣传材料，以及与地方相关部门、企业进行项目合作等多种途径，将有机茶生产技术研究成果推广到生产实践中去，为产业的发展提供了技术保障。

有机茶生产中研究和推广的主要技术如下。

一、种植和养殖结合，复合生态茶园技术

有机茶园要求施肥"就地取材，就地处理，就地施用"的基本准则，提倡种养结合，建立生物物质循环链，确保有机茶园生态平衡，保持有机茶的可持续发展。"草·畜·肥·茶"生态模式成功地应用于有机茶园，利用山草杂粮养猪、羊等牲畜，畜禽粪便发酵后沼液中含有茶树生长所需要的有机质成分，可用于茶园培肥，沼渣作为基质成分可用于饲养蚯蚓，沼气是很好的低碳清洁能源。

利用山区丰富的山草资源，或者种植绿肥牧草，在茶园养殖鸡、鹅、兔等家禽和家畜，不仅能够为茶园提供有机肥源，而且能明显减轻有机茶园中的杂草危害和虫害，另外还能增加一定的经济效益。中国农业科学院茶叶研究所2008年—2009年在浙江省绍兴市上虞区进行有机茶园养鸡试验，自养鸡后养殖区茶园基本无草，而非养殖区内杂草最高达20.5kg/m^2，最低5.5kg/m^2，说明在茶园内养鸡可明显降低杂草的危害，大大降低了茶园的除草成本；对茶园试验基地进行了生物多样性调查，调查结果表明，养殖区1和养殖区2的生物多样性指数分别为2.5225和2.4249，两个区域的生态稳定性相似，高于非养殖区的1.7182，说明养殖区的生态较非养殖区的好。

二、茶园绿肥种植技术

种植绿肥是有机茶园改良土壤、提高肥力和解决肥源的重要措施，也是改善有机茶园生态条件、增加生物多样性、防止水土流失的重要手段，对于有机茶生产有着十分重要的意义。

茶树行间间作绿肥，提高了地表覆盖率，能够减缓地表径流，早期杭州茶叶试验场和祁门茶叶研究所进行茶园种植绿肥试验，试验结果表明，坡度为5°～10°的1年生幼龄茶园在间作豆科绿肥后，土壤冲刷量比不间作的约减少80%，所以幼龄茶园间作绿肥是防止水土流失的重要措施。另外，由于增加了地表覆盖，幼龄茶园间作夏绿肥可以起到遮阴、降温的作用，间作冬绿肥可以起到保温、防冻的作用，因此，间作绿肥的措施对于改善环境、提高茶苗的成活率效果十分明显。豆科绿肥根部有根瘤菌共生，通过生物固氮作用可以固定空气中的氮气供茶树生长所需，自主解决肥源。绿肥的根系生长，可以改良茶树根部的土壤环境，促进土壤疏松，增加有机质。在浙江绍兴市上虞区和余姚市的有机茶园的种植绿肥试验表明，不论是禾本科绿肥还是豆科绿肥，对于改良茶园土壤和促进茶树生长都有十分显著的效果，土壤中的全氮、有效氮、有效磷、有效钾以及有机质含量均高于对照区。对于有机茶园绿肥的利用方式，从试验结果看，以割后深埋的方式效果最好，绿肥分解速度快，根层土壤含水量高，对茶树生长最有利。

为解决有机茶园氮素需求高的问题，选择绿肥首先应考虑选择固氮能力强的豆科作物，虫害多的可考虑选择一些对虫害有驱赶性作用的非豆科作物。对于1～2年幼龄有机茶园，可选择匍匐型的或者矮生的豆科绿肥，既能保护水土，又不妨碍茶苗生长；对于2～3年生的有机茶园，尽量选择速生的和早熟的绿肥，避免与茶树生长发生竞争；对于茶树行间空间小，不宜间作绿肥的成龄茶园，可以单独开辟绿肥基地，或者充分利用茶园周边的零星地头种植绿肥；对于坡地或梯地有机茶园，可以选择紫穗槐、爬地兰等多年生的绿肥，种于梯壁可以保梯护坎，效果也十分明显。

三、茶园铺草技术

茶园铺草对于有机茶生产是一项重要的技术。第一，草料有机质含量高，养分含量丰富均匀，因此茶园铺草可以提高土壤肥力，对于增加土壤营养、促进微生物繁殖、加速土壤熟化都十分有利。第二，茶园铺草可以抑制杂草生长。幼龄茶园和生长势差树冠幅度小的茶园，行间空间为杂草生长提供了良好条件，茶园行间铺草，杂草受铺草抑制，见不到阳光，可抑制杂草的生长。第三，茶园铺草可以防止水土流失。第四，茶园铺草可以稳定土壤的热变化，夏天可防止土壤水分蒸发，具有抗旱保墒的作用，冬天可保暖防止冻害。此外，茶园铺草后，还可降低采茶期间采茶人员对土壤的镇压强度，起到保护土体良好构型的作用。茶园行间铺草一举多得，成为有机茶园最重要的土壤管理措施。

四、生物源、矿物源农药的研制与应用

20 世纪 80 年代，中国农业科学院茶研所就开始探索和研究茶园病虫害的生物防治技术。经过多年的试验研究，先后成功研制出茶尺蠖核型多角体病毒（EoNPV）、茶毛虫核型多角体病毒（EpNPV）、茶尺蠖病毒 Bt 混剂、茶毛虫核型多菌体病毒 Bt 混剂、韦伯虫座孢菌剂等微生物杀虫剂用于有机茶园虫害的防治。

茶尺蠖、茶毛虫核型多角体病毒（NPV）是采用茶鲜叶饲养健康幼虫—病毒大量繁殖、幼虫取食病毒后感染死亡—收集虫尸提纯病毒—从虫尸中提取病毒的生产流程方法进行批量生产。生产提取的病毒分别对茶尺蠖、茶毛虫防治有高效，对人、畜绝对安全。茶尺蠖、茶毛虫病毒水剂及其 Bt 混剂，对茶尺蠖、茶毛虫的室内毒效与田间防治效果，至蛹期死亡率均在 90% 以上。

我国有机茶生产除了研制生物农药在茶园虫害防治上取得成果外，在利用微生物对茶树病害防治研究上也取得了突破性进展，如安徽农业大学通过多次试验，从茶树的叶面分离出对茶赤叶斑病菌等多种有害菌有抑制作用的芽孢杆菌，正进行制剂的开发以用于茶树病害的防治。

以天然矿物原料为主要成分的矿物源农药也逐步得到开发应用，在茶园中使用的主要品种是石硫合剂和矿物油。石硫合剂是一种无机硫杀菌剂，兼有杀螨和杀虫的作用。石硫合剂是用生石灰、硫黄和水熬制而成的红褐色透明液体，有效成分为多硫化钙。当石硫合剂喷洒在植物上时多硫化钙可杀菌，它分解产生的硫黄也可杀死病菌和害虫，并对病菌和害虫体表面具有侵蚀作用，可杀死病菌和蜡质层较厚的介壳虫与卵。石硫合剂目前在茶园中主要用于冬季封园，可防治多种越冬病虫，在有机茶园中得到广泛使用。矿物油原来通常只是在植物的休眠期才使用，现在新类型的矿物油，由于在许多作物上越来越表现出它的安全性，因此可用于植物的整个生长期。新型的精炼的矿物油一般是从石油中分离出的轻型的油，使用在植物上后能快速挥发，大大提高了植物的安全系数。矿物油主要通过窒息作用来防治害虫，同时具有穿透害虫的卵壳、干扰其新陈代谢和呼吸系统的作用，可以杀灭害虫的卵。矿物油还具有影响害虫取食的作用，在未杀死害虫的条件下，起到保护植物的功能。在茶园中，矿物油可用于防治茶园螨类和一些为害的害虫（如介壳虫和黑刺粉虱等），同时对茶园病害也有一定的预防作用。

五、昆虫化学信息素防治病虫害技术

20 世纪 90 年代，中国农业科学院茶叶研究所就启动了茶树、害虫、天敌间的化学通信机制的研究，对假眼小绿叶蝉、茶蚜、黑刺粉虱等一些茶树害虫的化学信息素进行分离和鉴定实验，探索昆虫与茶树及天敌间的通信效应。之后，韩宝瑜等通过研究昆虫的趋色性，发现素馨黄色对黑刺粉虱、油菜花黄对茶蚜、芽绿色对假眼小绿叶蝉有较强的引诱作用，通过"糊胶色板＋信息物质"对茶树害虫的叠加诱集效应，研制出昆虫信息素诱捕器。昆虫信息素诱捕器为黄色或绿色长方形，剂量微小，使用简单，能强烈地调节昆虫行为，诱捕害虫效果显著。使用时挂在高 1.3m 左右的小竹竿上，用量约为每公顷 300 片，可诱捕假眼小绿叶蝉、黑刺粉虱等害虫 2 万～4 万只，早期使用 1 次，基本可控制全年四代害虫的发生，95% 的茶树害虫能被消灭。这种防治方法无污染，符合茶园害虫无害化防治的发展方向，在浙江、安徽、江苏、云南等茶区示范应用 20 多万亩次，经济、生态和社会效益十分显著。

目前已分离出的害虫信息素诱捕剂有黑刺粉虱信息素诱捕剂、假眼小绿叶蝉信息素诱捕剂、茶蚜信息素诱捕剂等，天敌信息素诱集剂有绒茧蜂等寄生蜂信息素诱集剂，害虫信息素诱捕器和诱虫板等技术产品已经开始应用于生产实践。昆虫信息素的研究成功与应用，为我国有机茶园虫害防治开辟了一条新的途径，应用前景十分广阔。

第四节 有机茶的生产标准与规范

一、我国有机茶生产标准

随着有机产品市场需求量的不断上升，我国有机产品的标准体系也在建立并不断完善。2002 年由中国农业科学院茶叶研究所和农业部（现为农业农村部）茶叶质量监督检验测试中心制定有机茶农业行业系列标准公布实施，分别是 NY 5196-2002《有机茶》、NY/T 5198—2002《有机茶加工技术规程》、NY 5199-2002《有机茶产地环境条件》和 NY/T 5197—2002《有机茶生产技术规程》。这 4 个标准组成有机茶的完整标准体系，规定了有机茶从产地到产品乃至包装和销售全过程的要求。

在有机产业蓬勃发展的形势下，国家市场监督管理总局和国家标准化管理委员会（以下简称国家标准委）于2005年1月19日正式发布《中华人民共和国国家标准：有机产品（G/B 1630.1—2005）》，并于2005年4月1日起正式实施。此标准由四个部分组成，是一个通用型标准，适合于在该标准所定义的所有有机产品（包括有机茶）。标准是实施有机产品生产和加工的指导原则，不仅规定了有机产品生产加工过程、技术要求、生产资料的输入等内容，而且也对生产者、管理者的行为进行了规定；不仅提出了产品质量应该达到的标准，而且为产品达标提供了先进的生产方式和生产技术指导。

2011年，国家认证认可监督管理委员会（以下简称国家认监委，CNCA）根据我国有机农业发展的实践，在对我国有机产品标准需求充分调研的基础上，完成了新版《中华人民共和国国家标准：有机产品（G/B 1630.1—2011）》国家标准的修订工作，于2012年3月1日起正式实施。2014年国家标准委发布公告，又以修改单的形式对《中华人民共和国国家标准：有机产品（G/B 1630.1—2011）》国家标准进一步修改，主要内容是取消了有机转换标志等，于2014年4月1日起实施。目前我国有机茶生产以这一标准为依据实施。

二、有机认证

有机认证是指由认证机构证明产品、服务、管理体系符合相关技术规范、相关技术规范的要求或者标准的合格评定活动。认证按强制程度分为自愿性认证和强制性认证两种，按认证对象分为体系认证和产品认证等。有机产品认证属于自愿性产品认证范畴，有机茶认证则是有机产品认证中的一个具体产品类别的认证。

生产者的有机茶生产是否符合有机农业标准的要求，消费者购买的茶叶是否是有机茶产品，如果从外观上看，很难识别有机茶和常规茶。有机茶生产保护环境和质量安全的价值不能通过其最终产品直观地反映出来。因此，通过第三方认证机构对有机茶生产过程和最终产品的认证，并且通过特定标志以区别常规产品，可以起到维护生产者和消费者权益，体现有机茶生产过程和产品质量的作用。

三、我国有机产品认证的依据、范围和程序

我国有机产品认证是根据《中华人民共和国认证认可条例》的规定进行，主要认证依据是国家市场监督管理总局和国家认监委发布的《有机产品认证管理办

法》《有机产品认证实施规则》和《有机产品》国家标准3个法律法规性文件。

我国在2004年之前没有统一的有机产品标准，各机构自行规定，比较分散。国家认证认可监督管理委员会（CNCA）和中国合格评定国家认可委员会（CNAS）成立后于2004年颁布了《有机食品认证规范》，在试用一年后正式颁布了GB/T 19630—2005有机产品标准，规范了有机产品标准。2011年中华人民共和国国家市场监督管理总局和中国国家标准化管理委员会也对2005年制订的有机产品标准（GB/T 19630—2005）进行了修订新的国家标准。2014年新的《有机产品认证管理办法》的实施，进一步确立了我国四位一体的有机产品认证制度，即确立了认证目录、标准、实施细则和认证标志的统一。

有机产品认证范围界定在目前国家认监委制定的《有机产品认证目录》以及《有机产品认证增补目录（一）》内容，只有列入这两个目录的产品才能够进行有机产品的认证。2019年11月公布的《有机产品认证目录》中收录有包括茶叶在内的种植、养殖、花卉、种子材料和野生采集产品等46大类约1136个品种。《有机产品认证目录》是动态的，使用时可以到国家认监委官网上查询。

有机产品认证程序如图1-1所示。

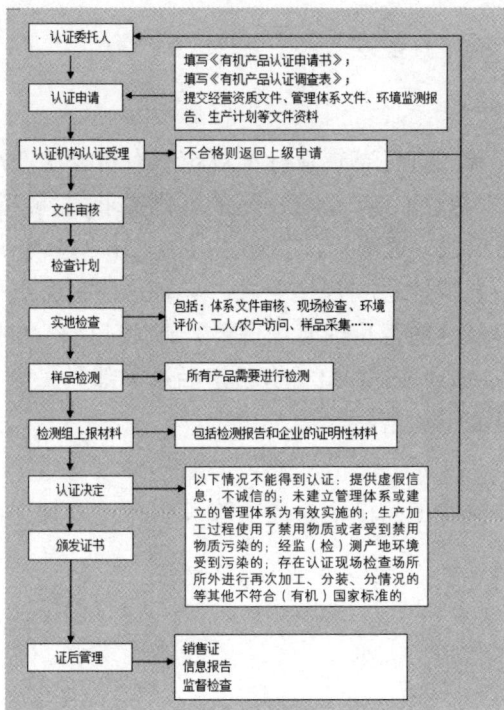

图1-1　有机产品认证程序

第二章　有机茶基地建设

第一节　有机茶园基地的选择

一、有机茶园生产条件

开展有机茶生产需要具备以下六个条件。

（一）生态条件

有机产品国家标准和有机茶行业标准规定了有机茶生产产地的环境条件，特别对生产的土壤、水源、空气质量有一定的量化要求，只要茶园地处远离城市、远离村庄、远离交通干线、远离厂矿，处于群山之中、森林怀抱之中，其土壤、水源、空气的质量一般都能达到规定要求，具有这些生态条件的地方的茶园，可以发展有机茶，但最终能否达到要求仍要经有关部门检测才能定论。

国家标准 GB/T 19630.1—2011《有机产品第 1 部分：生产》对有机茶园的土壤、空气、水源有如下规定。

1. 土壤

有机茶园土壤环境质量应符合表 2-1 的要求。

表 2-1　有机茶园土壤环境质量标准

项目	pH < 6.5	Ph=6.5 ～ 7.5
镉	≤ 0.30	≤ 0.60
汞	≤ 0.30	≤ 0.50
砷	≤ 40	≤ 30
铜	≤ 50	≤ 100
铅	≤ 250	≤ 300
铬	≤ 150	≤ 200
锌	≤ 200	≤ 250
镍	≤ 40	≤ 50
六六六	≤ 0.50	
滴滴涕	≤ 0.50	

注：1. 金属铬（主要是三价）和砷均按元素量计，适用于阳离子交换量＞5 cmol（＋）/kg
的土壤；若≤ 5 cmol（＋）/kg，其标准值为表内数值的半数。
2. 表中"六六六"为四种异构体总量，"滴滴涕"为四种衍生物总量。

2. 空气

有机茶园环境空气质量应符合表 2-2 的要求。

表 2-2　有机茶园环境空气质量标准

污染物名称	取值时间	二级标准	浓度单位
二氧化硫 SO_2	年平均 日平均 1h 平均	0.06 0.15 0.50	mg/m³ （标准状态）
总悬浮颗粒物 TSP	年平均 日平均	0.20 0.30	
可吸入颗粒物 PM_{10}	年平均 日平均	0.10 0.15	
二氧化氮 NO_2	年平均 日平均 1h 平均	0.08 0.12 0.24	
一氧化碳 CO	日平均 1h 平均	4.00 10.00	
臭氧 O_3	1h 平均	0.20	
铅 Pb	季平均 年平均	1.50 1.00	μg/m³ （标准状态）
苯并 [a] 芘 BaP	日平均	0.01	
氟化物 F	日平均 1h 平均	7[①] 20[①]	μg（dm²·天）
	月平均 植物生长季平均	1.8[②] 1.2[②]	

　　注：①用于城市地区。
　　　　②适用于蚕桑区。

3. 灌溉水

有机茶园灌溉水应符合表 2-3 的要求。

表 2-3　有机茶园灌溉用水水质基本控制项目标准值

序号	项目类别	作物种类——旱作
1	五日生化需氧量 /（mg/L）≤	100
2	化学需氧量 /（mg/L）≤	200
3	悬浮物 /（mg/L）≤	100
4	阴离子表面活性剂 /（mg/L）≤	8
5	水温℃≤	35
6	pH 值	5.5～8.5
7	全盐量 /（mg/L）≤	1000°（非盐碱土地区），2000°（盐碱土地区）
8	氯化物 /（mg/L）≤	350
9	硫化物 /（mg/L）≤	1
10	总汞 /（mg/L）≤	0.001
11	镉 /（mg/L）≤	0.01
12	总砷 /（mg/L）≤	0.1
13	铬（六价）/（mg/L）≤	0.1
14	铅 /（mg/L）≤	0.2
15	粪大肠菌群数 /（个 /100mL）≤	4000
16	蛔虫卵数 /（个 /L）≤	2
备注	具有一定的水利灌排设施，能保证一定的排水和地下水径流条件的地区，或有一定淡水资源能满足冲洗土体中盐分的地区，农田灌溉水质盐全量指标可以适当放宽	

（二）加工条件

有机茶生产是个系统工程，有机茶园生产的茶叶原料，需要加工成有机茶产品才能满足市场需求。有机产品国家标准和有机茶农业行业标准对有机茶加工技术规程作了具体规定，要求工厂卫生清洁、环境优良、工艺规范、设备齐全良好等。对于山区老的茶叶加工厂达不到《有机茶加工技术规程》中有关要求的，要进行有机茶产品生产必须重建、改建和改造等。

（三）市场条件

市场是生产的动力，发展有机茶生产必须有有机茶市场。随着人们生活水平的提高和消费意识的增强，广大茶叶爱好者不仅注重茶叶品质，更注重于茶叶的安全性。由于各地区条件不同，人们消费意识的增强程度是不同的，有许多地方的消费者还不知道什么是有机茶。只有开拓有机茶市场、疏通有机茶销售渠道才能更大规模地开展有机茶生产。

（四）组织条件

有机茶生产要有一定规模，要组织起来进行统一的集中生产、经营和管理，否则无法进行有机茶生产。我国有些产茶地区的茶园多数属于承包到户，对于这些产茶地区要从事有机茶生产，必须具备把茶农重新组织起来的条件。目前我国仍有不少国有和集体所有的茶园仍是进行集中生产、统一管理的，这些茶园开展有机茶生产具有良好的组织条件。

（五）经济条件

开展有机茶生产，从有机茶园基地建设、茶园管理、茶厂改造、设备购置、样品检测、认证等都需要资金投入，虽然开展有机茶生产回报率比较高，但前期投入也比较大，开展有机茶的地区和单位必须具备一定的经济实力，只有具备一定的资金来源才能开展有机茶生产。

（六）人才条件

有机茶生产是一项专一性很强的生产方式，从基地选择、茶园管理、茶叶加工、储运、销售等都有专门规定，无论是从事有机茶生产的组织者，还是生产者都必须具备有机茶生产的专门知识才能开展工作。所有从事有机茶生产的单位的主要管理者和组织者要经过有机农业和有机茶基地知识的培训和学习才能开展工作。

二、有机茶基地选择

（一）基地选择要求

有机茶园基地必须符合有机茶生态环境质量标准：远离城市和工业区以及村庄与交通要道，防止城乡垃圾、灰尘、废水、废气及过多人为活动给茶园带来的污染；周围林木繁茂，具有生物多样性；空气清新，水质纯净；土壤未受污染、土质肥沃的园地。

具体的要求是：①有机茶产地应远离城市工业区、城镇、居民生活区和交通干线。有机茶产地应水土保持良好，有机茶园周围林木繁茂，生物多样性指数高，远离污染源和具有较强的可持续生产能力。基地附近及上风口、河道上游无明显的和潜在的污染源，以保证有机茶园不受污染。

②有机茶园与常规农业生产区域之间应有明显的隔离带，以保证有机茶园不受污染。隔离带以山和自然植被等天然屏障为宜，也可以是人工营造的树林和农作物，如是农作物应按有机农业生产方式栽培。

③茶园土壤背景环境质量应符合规定要求，理化性状较好，潜在肥力水平要高，最好是香灰土、黑沙土、油沙土等的茶园，且茶园最近3年没有用过化肥、农药和除草剂等人工合成的化学物质，或没有超标的化学肥料、农药、重金属污染。生产基地的空气清新，生物植被丰富，周围有较丰富的有机肥源。

④生产基地的生产者、经营者具有良好的生产技术基础，规模较大的基地，周围还要有充足的劳动力资源和清洁的水资源。

⑤茶园要适当集中，有一定面积，种植规范，生长良好，病虫害少。

⑥茶园周边生态良好，多林木，生物多样性丰富。

（二）基地选择方法

选择有机茶基地的方法很多，常用的有查验资料、现场查看地形、取样分析、走访群众。

第二节 有机茶基地的建设

一、有机茶园的开垦

有机茶基地的开垦过程中应避免对土壤和作物的污染及破坏当地生态，应制订有效的生态保护计划，采用植树种草、秸秆覆盖、不同作物间作等方法避免土壤裸露，控制水土流失，防止土壤沙化和盐碱化；应建立害虫天敌的栖息地和保护带，保护生物多样性；禁止毁林、毁草、开荒发展有机茶种植。

有机茶基地开垦要防止为了美观而集中成片地通过削山头、填山沟等措施来进行土壤大搬家，从而造成对原有生态的破坏和水土流失。应注意水土保持，在土壤和水资源的利用上，应充分考虑资源的可持续利用。根据不同地块的坡度和地形，选择适宜的时期、方法和施工技术。

初垦：基地选定后，要清除附着物，规划和修筑好道路和排蓄水系统，道路的设置主干道宽为 3m 以上，支道便于机械化操作；排蓄水系统的设置要与茶园道路相协调，同时坡地茶园的上界应建好山水隔离沟，地下水位高处应开筑排水沟，易造成水土冲刷处应修筑水土拦截沟；坡度在 15° 以下的缓坡等高开垦，坡度在 15° 以上的山坡地，应修筑梯面宽为 2m 以上等高式阔幅梯地；开垦深度在 60cm 以上，破除土壤中硬塥层、网纹层和犁底等障碍层。

复垦：复垦深度要求 50cm 以上，方法可采用分层全垦，也可采用在茶树种植行幅度 100cm 范围内进行深沟撩壕；熟地的复垦，应把底层土翻上，最好是再加一层生泥；结合复垦要分层施入底肥，要求每公顷（15 亩）施用厩肥 40t ～ 60t 或油粕 1.5t，或选用相应的其他适用于有机茶园的肥料。

二、不能采用烧山垦园的方法进行有机茶园建设的原因

有机农业应遵循生态保护的原则，避免农事活动对土壤或农作物的污染及生态破坏，禁止毁林、毁草、开荒发展有机种植，充分考虑资源的可持续利用。

烧山垦园违反有机生产基本原则，这一做法既浪费了资源，又污染了环境，人为地增加了农业源温室气体的排放，同时对生物多样性是毁灭性的破坏，在一定程度上抵消了在有机方面所做的努力。这样的土地生产出来的茶叶，从根本上否定了茶叶的有机性质，这种以破坏生态为代价开发出来的土地本身就不能被有机认证。

第三节　常规茶园向有机茶园的转换

首次申请有机茶认证的茶园要进行有机转换。有机食品是当前世界上在安

全性方面要求最高的食品，不可以像其他大宗安全食品那样大面积的推广，对有机农业转换需要有充分的思想准备。转换的意义不仅在于使土壤中的污染物质降解和土壤结构、微生物组成的改善等，也在于建立起完整的有机管理体系，这些都需要时间。所以首次申请有机茶认证的茶园必须要进行转换，转换期的开始时间从提交认证申请之日算起，一般不少于 36 个月。新开荒的、长期撂荒的、长期按传统农业方式耕种的或有充分证据证明多年未使用禁用物质的茶园，也应经过至少 12 个月的转换期。转换期内的茶园必须完全按照有机农业的要求进行管理。

一、选择和评估

常规茶园向有机茶园转换选择相当于新垦有机茶基地的选择，内容参考新垦有机茶基地选择。通过生态建设以及按照有机茶技术管理措施进行建设、各项质量技术指标达成后，通过认证，才可转为有机茶园。

二、制订转换计划

常规茶园向有机茶园转换应制订出茶园转换的技术要求及其实施方案与进度计划等，制订出较详细的有关生产技术和产品质量管理的计划，为有机茶的开发在技术和管理上打好基础。转换内容与新垦茶园的规划类似。

三、转换技术

（一）常规茶园转换为有机茶园

常规茶园产地环境条件必须符合农业行业标准 NY 5199—2002《有机茶产地环境条件》。常规茶园成为有机茶园需要经过转换，生产者在转换期间必须完全按农业行业标准 NY/T 5197—2002《有机茶生产技术规程》要求进行管理和操作。茶园的转换期一般为 3 年，但某些已经在按有机茶生产技术规程管理或种植的茶园，如能提供真实的书面证明材料和生产技术档案，则可以缩短转换期。已认证的有机茶园一旦改为常规生产方式，要再成为有机茶园，则需要经过转换才有可能重新获得有机认证。在转换计划执行期间，有机认证机构将对其进行检查，若不能达到认证标准要求，将延长转换期。如果因《有机产品认证实施规则》有关认证证书的撤销中的①获证产品质量不符合国家相关法规、标准强制要求或者被检出禁用物质的；②生产、加工过程中使用了有机产品国家标准禁用物质或者受到禁用物质污染的；③虚报、瞒报获证所需信息的；④超范围使用认证标志的而被认证机构撤销认证证书。5年内不得申请有机茶认证。如果因《有机产品认证实施规则》有关认证证书的撤销中的⑤产地（基地）环境质量不符合认证要求的；⑥认证证书暂停期间，认证委托人未采取有效纠正或者（和）纠正措施的；⑦获证产品在认证证书标明的生产、加工场所外进行了再次加工、分装、分割的；⑧对相关方重大投诉未能采取有效处理措施的；⑨获证组织因违反国家农产品、食品安全管理相关法律法规，受到相关行政处罚的；⑩获证组织不接受认证监管部门、认证机构对其实施监督的；⑪认证监管部门责令撤销认证证书的等被认证机构撤销认证证书。1年内不得申请有机茶认证。

在转换期间，茶园管理按农业行业标准NY/T 5197—2002《有机茶生产技术规程》要求进行有机种植。不使用任何禁止使用的物质；茶园生产管理者必须有一个明确的、完善的、可操作的转化方案，该方案包括：茶园及其栽培管理前3年的历史情况；保护和改善茶园生态环境的技术措施；能持续供应茶园肥料、增加土壤肥力的计划和措施；制订和实施有针对性的防治，减少茶园病、虫、草害的计划及生态改善计划和具体措施等。同时建立完善的农事活动记录档案，包括生产过程中肥料、农药的使用和其他栽培管理措施，并保留所有的农事活动记录档案，供认证机构根据标准和程序进行核查。

另外，在转换期间，对茶园管理人员要进行有机农业和有机茶基本知识的培训和教育，提高员工的基本素质和管理质量。

（二）荒芜和失管茶园转换为有机茶园

荒芜和失管茶园由于多年不施化肥和不喷施农药为开发有机茶生产提供了良好条件，但其生态条件，土壤、空气、水源质量是否符合农业行业标准NY 5199—2002《有机茶产地环境条件》的要求，只有经过有机认证机构的测定和检查，才能确定转换与否。

荒芜和失管3年以上，按照农业行业标准NY/T 5197—2002《有机茶生产技术规程》要求重新改造的茶园，可视为符合有机茶园最低要求而减免转换期限，但是按照GB/T 19630.1—2011《有机产品 第1部分：生产》的要求，新开荒的、撂荒36个月以上的或有充分证据证明36个月以上未使用该标准禁用物质的茶园，也应经过至少12个月的转换期。因此，荒芜和失管茶园如有证据表明多年未使用禁用物质，也应经过至少12个月转换期。转换期内的茶园必须完全按照有机农业的要求进行管理。

关于土地使用历史的证明和报道可以作为减少转换期的参考，但必须经过核实，得到认证机构的认可。开发荒地则更是十分严肃的事。国家已经基本禁止开荒多年，如1962年，国务院农林办公室发出通知，严禁毁林开荒、陡坡开荒。因此，如果有申请者要求对新开的荒地实施认证，一般是很难提供出政府出具的证明，所以，即使其他条件再好，没有充分的依据，认证机构也不会接受对"新开荒地"的认证申请。农场历史是决定农场地块有机转换期的关键依据之一，有些申请者为了尽早拿到证书，自行杜撰地块历史，但这是经不起检查和追踪的。不少申请者不重视填写地块历史表，填写内容十分简单。对于那些希望将转换期提前的申请者来说，能否提供真实的、经得起追踪的数据和材料，能否经得起检查员现场的跟踪审核，是决定该农场能否被认证机构认可，缩短转换期的最基本条件。

茶园荒芜和失管达不到3年，则必须满足转换3年的要求，荒芜和失管的时间可视为转换种植。在转换期间，茶园管理按农业行业标准NY/T 5197—2002《有机茶生产技术规程》要求进行有机种植。茶园生产管理者必须有一个明确的、完善的、可操作的转转方案，该方案包括：制订和实施有针对性的土壤培肥计划，病、虫、草害防治计划和生态改善计划及措施等；建立完善的农事活动记录档案，包括生产过程中肥料、农药的使用和其他栽培管理措施，并保留所有的农事活动记录档案，供认证机构根据标准和程序进行判别。只有把荒芜茶园和失管茶园转变为有机管理茶园后，才能进行有机认证。

（三）低产茶园和老茶园改造

1. 树冠改造

树冠改造就是采用不同程度的修剪（包括深修剪、重修剪与台刈等）和培养措施进行树冠更新。修剪时间，以茶树养分积累多和经济效益高的时期为主要依据。例如，江南茶区以5月中旬前后为宜，并同时进行茶园深耕施肥，促进根系的更新与新梢生长，提高茶树更新效果，有利于培养"优化型"树冠。

2. 园地改造

园地改造主要采用补植缺株、整修梯坎、挑培客土或深耕、铺草、施肥改土，因地制宜地修建园道、排蓄水沟（池）和植树造林，改善茶树的生态环境。部分树势衰老、品质混杂的低产茶园，则宜"换种改植"，重新规划种植无性系良种。

总之，对茶园中原有的树木，只要对茶树生长无不良影响，应当保留并加以护育，使之成为茶园的行道树或遮阴树。茶园中树木稀少的，要适当补种行道树或遮阴树。在山坡上种植茶树，山顶、山谷、溪边需留自然植被，不得开垦或消除。在坡地种植茶树要沿等高线或修梯田进行栽种，对梯地茶园梯壁上的杂草要以割代锄，或在梯壁上种植绿肥、护坡植物，以利于保持水土，保护和增进茶园及其周围环境的生物多样性，维护茶园生态平衡。新建茶园坡度不超过25°。对于面积较大，且集中连片的基地，每隔一定面积应保留或设置一些林地，禁止毁坏森林发展有机茶园。发挥茶树良种的优良种性，便于茶园排灌、机械作业和田间日常作业，促进茶叶生产的可持续发展。

（四）有机茶转换中基地的隔离带建设

隔离带是指在有机生产区域有可能受到邻近的常规生产区域污染的影响，为保证有机生产地块不受污染，以防止临近常规地块的禁用物质的漂移，在有机生产区域和常规生产区域之间设置的缓冲带或物理障碍物。

有机茶基地隔离带的建设应视污染源的强弱、远近、风向等因素而定，只要能有效防止从常规地块或其他途径来的污染，无论是缓冲带还是物理障碍都可以接受。缓冲带可以是一片耕地、一条沟或路、一片丛林或树林，也可以是一片荒地或草地等；物理障碍可以是一堵墙、一个陡坎、一个大棚或一座建筑等。也可以采用将有机茶园外围茶树自然生长的办法来形成隔离带，这在云南、广东和海南等热带地区使用较多，还可以在有机茶园的四周种植一些作物，但这些作物一定要按照有机方式种植和管理，收获的作物也只能作为常规产品销售，并且都需要有可供跟踪的完整记录。

第四节　有机茶园生态环境建设

生态茶园是现代茶树栽培发展的方向和必然选择，可显著提高茶园现有生产力，使茶叶生产的"三效"得以有机统一。有机茶园生态环境建设是有机茶园基地建设的重要内容之一。当前的常规茶叶生产由于片面追求短期利益，忽视了生态保护和建设，对资源的掠夺性开发利用，导致茶区植被破坏，生态失衡，物种结构与食物链简单，产出功能和系统协调能力下降，茶园及周边生态环境日趋恶化，病虫害猖獗，茶树抗性和茶叶品质下降等不良后果。有机茶基地生态环境建设应采用有机农业的生产管理方法，建立以有机茶为主的多物种组合的良性复合生态茶园，整体协调，循环再生，逐步改善上述茶叶生产中存在的生态问题，保护茶树生长的生态环境，维持生态平衡，使茶树得以安全、健康生长。

一、保护植被，种植生态树

对已选择好作为开发有机茶的基地，要进行全面系统规划，并制定出保护植被、种植生态树的具体实施方案，禁止毁坏森林发展有机茶园。新垦有机茶园最好采用人工开垦，开垦时依山形地势有规划、有目的地保留茶园山顶、山腰、山谷、山脚、陡坡、主要道路旁、溪渠边的自然植被。根据树种特征、特性在茶园中适度（一般3～6株）套种如合欢树、相思树、降香黄檀和银杏等遮阴树种；在茶叶加工厂和生活区四周等闲置地种植天竺桂、女贞等生态树。这样既能改善茶园生态环境，又能保护茶园的生物多样性和捕食性昆虫、鸟类等天敌栖息地，更好地利用光、热、水、气、肥等自然资源，美化茶园环境，提高茶叶生产力。

二、建设缓冲区或隔离带

在有机茶园基地四周、有机茶园基地与常规农业生产耕作区之间设置足够宽的缓冲区或隔离带（宽度大于9m）。种植速生生态树或以天然植被、作物、自然山地和河流等作为缓冲区，也可利用建筑物进行隔离。缓冲区上的作物应按有机生产方式进行栽培管理。缓冲区或隔离带建设同样要有利于茶园光、热、水、气等自然资源的调节，同时能有效预防周边常规农业生产给有机茶叶生产带来的污染。

三、套种绿肥，减少水土流失

在山区丘陵、山地的有机茶园，特别是新垦茶园，水土流失现象比较普遍。为了尽量减少茶园水土流失，在茶园内侧修筑竹节沟的同时，应根据茶园地势和当地气候特点等在茶园或茶园梯壁选择种植百喜草、三叶草、平托花生等绿肥植物。通过以割代锄，推广茶园行间铺草覆盖，减少茶园水土流失。

四、发展畜牧业和养殖业，补充有机肥源

有机茶生产基地，应有条件地结合发展有机畜牧业和有机养殖业。通过养羊、

养兔、养鸡等对茶园杂草、虫害的控制，同时利用畜禽粪便补充有机肥源，培肥茶园土壤，最终达到茶、牧生态效应的良性循环，促进有机茶生产的健康发展。

第五节　有机茶园茶树的培育

在进行有机茶生产时，茶树品种的高抗性尤为重要。因为在生产过程中要求不用化学农药、化学肥料和化学除草剂，防治病虫采用生物农药，并以生物防治为主，施肥以有机肥和生物肥为主，但目前这些生物农药和生物肥料的效果往往不如化学农药和化学肥料来得快，这就要求茶树具有较好的抗病、抗虫、抗贫瘠等高抗能力，才能保证茶树的高产优质。

一、有机茶园对茶树品种的选择要求

有机茶基地对茶树品种的选择适用以下原则。

（一）因地制宜

茶树品种应适应当地气候、土壤条件和茶类生产要求，并对当地主要病虫害有较强的抗性。培育优质的茶树品种，加强不同遗传特性品种的相互搭配。

（二）来源可靠

茶树种子和苗木应来自有机农业生产系统，但在有机生产的初始阶段无法得到认证的有机种子和苗木时，可使用经未禁用物质处理的常规种子与苗木。

（三）种苗符合标准

茶树种苗质量应符合《茶树种苗标准（GB 11767-2003）》中规定的Ⅰ级和Ⅱ级标准。

（四）禁用转基因种苗

禁止使用基因工程繁育的茶树种子和苗木。

二、有机茶园对幼苗期茶树的护理

有机茶基地茶苗种植后1～2年，由于枝叶较嫩，扎根不深，容易受到高温干旱和低温严寒等不良气候的影响，因此要加强幼苗期护理，做好以下工作。

（一）铺草

茶苗种植后，茶行两侧、小行距内和茶丛间需要铺草，厚度要求在 10cm 以上。这样既能减少水分蒸发，增加雨水渗透性，涵养土壤水分，又可抑制杂草蘖生。另外，铺草还有调节土壤温度的作用，夏季能降温抗旱，冬季则有增温防冻效果。

（二）浇水

抗旱保苗是提高茶苗成活率的关键。移栽茶苗根系损伤大，移栽后应及时浇水，根据天气情况要求每隔 3 天～ 10 天浇水一次；夏季，特别是 7、8 月份的高温季节，更应勤浇水，保持土壤湿润。

（三）施肥

茶苗成活后，应及时施肥，可以施用经无害化处理过的人粪尿或沼液，最好每隔半月到 1 个月浇施一次。茶苗种植后的第一个秋季（9、10 月份）开始施有机基肥，施肥沟距茶树 20cm，深度 20cm 左右。

（四）病虫草害防治

新垦有机茶园杂草种子、草根多，土壤疏松，杂草生长快，容易与茶树争水、争肥、争光，从而影响茶苗的正常生长和成活率。茶树行间铺草能有效地抑制杂草生长。因此，应根据所铺草料的腐烂情况及时添加草料，使之有一定的厚度。对已长出的杂草，要安排人工锄除；茶苗附近的杂草要用手工拔除，一手按住茶苗根部，一手拔草，以免松动茶树根部，影响茶树生长。春末夏初还要注意防治炭疽病、小绿叶蝉和茶尺蠖等病虫害，采用农业和生物防治的方法处理。

（五）套种绿肥

新种植的有机茶园，建议在茶树行间种植两季绿肥作物，春季种毛豆或伏花生等，秋季种紫云英、黄花苜蓿或肥田萝卜等。种植的绿肥不要太接近茶苗，以免影响茶苗生长，绿肥在尚未完全成熟时收获，秸秆留在茶园内，翻埋入土，以培肥土壤。

第三章　有机茶园土壤管理

第一节　有机茶园耕作技术

茶园耕作是一项有悠久历史的茶园管理作业，是茶叶高产优质的主要措施。有机茶园耕作的主要作用是：第一，疏松土壤，改善土壤通透性。耕作使土壤变得更加疏松，孔隙率增大，特别是使大孔隙所占比例增加，这种大孔隙是水分和空气进入土壤的通道，能有效地降低雨水或灌溉水的地表径流，同时良好的通气透水条件，加强了土壤与大气的气体交换，使土壤中的好气微生物活动旺盛，物质分解转化加快，有效养分数量增多。第二，熟化土壤，加厚耕作层。把地表较肥的土壤连同其中杂草、肥料和有机残落物翻入下层，供茶树根系吸收利用。把下层生土翻至表层，经日晒、雨淋和冻融等强烈的风化作用，使原来"发僵"的土块解体松散，并与熟土、有机物相混合，微生物得以繁衍其间，于是生土就被熟化成活土，活土进一步演化成油土，一个松软肥厚的耕作层便形成。因此，人们说的"锄头底下三分水，锄头底下三分肥"是符合实际情况的。

一、幼龄茶园土壤耕作

（一）耕锄的时期与深度

幼龄有机茶园大多水热条件较好，杂草极易滋长。杂草不仅与茶树争光、争肥、争水，又是病虫栖息的场所和传播的媒介，一旦疏忽就会造成草荒，影响幼龄茶树的生长，必须及时除去。幼龄有机茶园只能采用人工浅耕锄草或人工拔草，禁止使用化学除草剂。浅耕锄草时间一般为春夏季的浅耕和秋冬季的中耕，人工拔草可选在雨后的晴天进行。

1. 春夏季浅耕

时间是在 2—5 月。此次浅耕一般是结合施春夏肥进行，深度 10cm 左右，清除茶园杂草。目的是疏松土壤，补给养分，促进幼龄茶树生长，同时收集园中杂草铺于幼龄茶树近根部，起保水、抗旱作用。

2. 秋冬季中耕

时间是在秋末冬初（10、11 月）当茶树地上部分停止生长时结合施冬肥进行 10cm～15cm 中耕，做到不伤根。不管是春夏季浅耕还是秋冬季中耕，应尽量在杂草草籽成熟之前耕锄。

（二）幼龄茶园耕锄方法

幼龄有机茶园耕锄方法合理与否，对幼年茶树生长和水土保持有着密切的关系，对劳动工效也有很大影响。幼龄茶树根系较浅，锄草时，靠近茶树根部的地面应浅削，尽量减少对茶根的损伤，密集于丛脚的"夹窝草"应用手连根拔除。幼龄有机茶园梯壁杂草不能使用化学除草剂，也不宜用锄头去挖，需用刀割，这样有利于草根深扎土中保护（新垦）茶园梯壁，减少水土流失。耕锄的时间要选择晴朗的天气进行，把杂草除去晒干，使它失去再生能力，同时也可起到杀虫消毒作用。经过暴晒后的杂草铺于茶树行间。

二、成龄茶园土壤耕作

（一）耕锄的时期与深度

成龄有机茶园耕作的时期和深度依各地自然气候条件与栽培管理技术水平的不同而有所差异，一般可分为春夏季的浅耕和秋冬季的中深耕。

1. 春季浅耕

春季浅耕一般结合施春肥进行，深约 10cm 左右，清除越冬杂草。目的是疏松土壤，破坏地下害虫的栖息场所，提高地温，补给营养，促进土壤微生物的活动和茶树根系生长及春芽萌发。时间在 2 月下旬至 3 月中旬之间，高山茶区（海拔 1200m 以上）可推迟到 4 月上旬。

2. 夏季中耕

第一轮采茶结束后结合追施夏肥进行，深度 10cm～15cm。茶园经过春季的采摘和其他农事活动，土壤表层已被多次踩踏而板结，不利于茶园土壤空气的流通、雨水和灌溉水的渗透，而这时又是杂草生长旺盛期，因此夏季耕锄极为重要。

3. 伏旱浅耕

第二轮采茶季结束后伏旱浅耕配合施秋肥进行，时间在夏末秋初的 7 月下旬至 8 月上旬。耕作深度一般浅于 12cm。这时气温高，光照强，还往往伴随干旱，适时浅耕对彻底耕除杂草，促进土壤中硝化细菌的活动，加速有机物质分解具有显著作用，同时还可以减少下层土壤水分上升蒸发，提高耐旱能力。

4. 秋季中、深耕

当茶树地上部停止生长时结合施冬肥进行，时间在秋末冬初的 10 月下旬至 11 月中旬。耕作深度 15cm 以上，有的甚至超过 30cm 或更深。深耕能把浅耕不到的下层土壤翻耕疏松，从而有效改善土壤的通气、透水状况，提高土壤容气、蓄水、供肥、供水能力。耕作时采用行间深耕，根际浅耕的方法，做到不伤根或少伤根。这次耕翻不仅可以将杂草随同基肥翻入土中增加土壤有机养分，促进茶树根系生长，同时还加速土壤熟化，使肥分释放，土壤结构改良，为次年春芽（越冬芽）的大量形成奠定物质基础。成年老茶园秋冬季的中、深耕一般每年 1 次。对根系密布行间，尚在壮年期的茶园，则不必年年冬耕，可每隔 2～3 年 1 次，以免大量损伤根系，影响树势发育和来年春茶产量。

（二）成龄茶园耕锄方法

成龄有机茶园大多已是封行，园中杂草一般较幼龄茶园少些，但茶树行间土壤表层经过多年、多次采摘和其他农事活动的多次人为踩踏压成很紧实的板结层，阻碍雨水和空气进入土壤，茶树根系生长和好气微生物的活动受到影响。成龄茶园的耕锄可锄去杂草、破除板结层、使土壤恢复疏松状态。耕锄时间宜选择晴天或雨天后土壤稍干时进行，土壤过湿不易耕作且易黏结成块造成土壤板结，破坏土壤结构。成龄有机茶园耕锄深度要根据不同品种、不同树龄、种植方式、土壤状况等因地制宜采用浅耕，或中耕，或深耕，尽量减少对茶树根系的损伤。有机茶园禁止使用草甘膦等化学除草剂进行除草，尽量选用割草机或人工刀割除草。除草宜在晴天进行，把杂草晒干后铺于行间、翻埋作肥料或集中堆制肥料，增加有机茶园土壤肥力。

三、密植免耕茶园土壤管理

基础条件较好的有机茶园采用密植，种植时深耕重施基肥，成园后行间土壤根系密度大，条行郁闭度高，宽阔的茶树树冠覆盖整个地面，此时由于地面荫蔽,杂草已失去生存条件,杂草少,土壤较疏松的茶园,可以采取免耕的方法。所谓免耕,也不是绝对不耕,即在茶树生长的一定周期内进行耕作。一般做法是每年把大量的有机肥、修剪枝叶、枯枝落叶和杂草等铺在茶行间,防止土壤裸露,防止采茶人员对土壤的直接踩踏压实,使土壤的有机质层保持松软且富有弹性,保护了土壤水热稳定,同时有机质含量迅速提高。密植茶园郁闭后实行免耕也不是一成不变的,每当茶树进行重修剪时进行一次深耕,把土表的有机质层翻入土中,同时增施有机肥,使土壤得到周期性地调节。这样,对促进土壤良好结构的进一步形成,提高茶叶品质、产量都具有重要作用。

第二节　有机茶园铺草技术

一、茶园铺草对于有机茶生产的好处

茶园铺草好处很多,这些好处对有机茶园都是十分重要的。

第一,茶园铺草可以增加土壤有机质,因草料有机质含量高,养分含量丰富多样,彼此互相平衡,有利于土壤生物繁殖,有利土壤熟化,同时也可增加土壤营养元素,提高土壤肥力水平。

第二,茶园铺草可以抑制杂草生长。幼龄茶园和生长势差树冠幅度小的茶园,行间空间大可为杂草生长提供良好条件,茶园行间铺草,杂草受铺草抑制,见不到阳光,可抑制杂草的生长(图3-1)。

图 3-1　茶园铺草

据杭州茶叶试验场对丛栽茶园的调查，茶园铺草后在7、8月份内每平方米的杂草总数只有63株，而没有铺草的对照茶园却高达1089株，是铺草茶园的17倍，可见，茶园铺草是有机茶园杂草防治的好办法。

第三，茶园铺草可以稳定土壤的热变化，夏天可防止土壤水分蒸发，具有抗旱保墒作用，冬天可保暖防止冻害。据河南省桐柏茶场茶园铺草试验，每年11月份在茶园行间铺干草2000kg，冬季1月份土温比不盖草的提高1℃～1.3℃；夏季铺草，茶园土温比不铺草的低4℃～8℃。又据山东日照试验，冬季茶园铺草是防止土壤结冻，减少茶树冻害的良好方法。

第四，茶园铺草后，还可降低采茶期间采茶人员对土壤的踩压强度，起到保护土体良好构型的作用。

因此，茶园行间铺草可一举多得，是有机茶园最重要的土壤管理措施。所以，有机茶园切实做好土壤铺草工作，便可取得良好的生产效益（表3-1）。

表3-1 茶园铺草对茶叶产量和品质的影响

处理	茶叶产量		鲜叶品质/（g/kg）			
	kg/667m²	%	氨基酸	茶多酚	咖啡因	水浸出物
铺草	71.9	120.8	19.4	245.9	21.2	376.0
对照	59.5	100.0	18.1	188.5	18.6	325.0

二、有机茶园铺草

可作有机茶园土壤覆盖的有机物料很多，如山草、稻草、麦秆、豆秸、绿肥、蔗渣、薯藤等，甚至木料、树皮、锯屑、刨花等都可用。但最好应以山草为主。因它不含农药，没有受化肥、化学农药等的污染，属自然生长的天然物。但山草常常带有许多病菌、害虫及种子等，如不加适当处理，往往会把病菌、害虫和草种带入茶园，增加茶树的病虫和杂草等危害。因此，要做必要的处理后才可使用。有机茶园土壤覆盖用的山草处理方法：一是暴晒，二是堆腐，三是消毒。

（一）暴晒处理

把收割下来的各种山草先在晒谷场上铺成约30cm厚，让阳光自然暴晒，利用阳光的紫外线杀死病菌，同时一些虫害也因暴晒自然死亡。如已结实的，还要用耙子敲打山草，使山草上的种子脱落后再送到茶园作土壤覆盖物。

（二）堆腐处理

在茶园地边、地角处，用微生物发酵或自制的发酵粉等堆腐，一层山草，喷洒一层菌液，使其发酵，利用堆腐时的高温把病菌、病虫及草籽杀死，然后把还没有完全腐解的草料铺到茶园。

（三）消毒处理

在没有日光的阴天或没有微生物发酵和自制发酵液接菌堆腐的时候，也可以采用石灰水消毒。就是把割下收集的鲜草堆放在茶园地边、地角处，然后喷洒 5% 的石灰水堆放一段时间后再搬到茶园。这样也可减少山草的病菌对茶园的污染。

如果是采用农作物的秸秆，如稻草、麦秆、豆秸、薯藤、甘蔗渣等，要注意这些草料是否来源于常规农田，其中是否含有较高的农药残留，尽量使用比较可靠的秸秆。如果将含有大量农药残留的秸秆直接铺入有机茶园，可能会给茶园带来农药间接污染，造成严重后果。成龄采摘的有机茶园不能采用喷洒过农药的农作物秸秆，但对于幼龄茶园可以用，因为这些秸秆虽含有一定农药残留，但铺到茶园后在腐烂过程中会逐步降解，待幼龄茶树成龄可采茶时，同时度过茶园的有机转换期，这些农药也降解得差不多了，不会对茶叶构成太大的污染。

茶园铺草方法应因地制宜地进行。铺草的主要作用是防止水土流失和杂草生长。因此，必须在造成水土流失严重和杂草生长最旺盛之前铺较好。在长江中下游广大茶区一般在春茶后梅雨前铺较好，秋冬结合深耕翻入茶园作肥料。江北茶区及高山气温低土壤易结冻的茶园，可以在 7、8 月份铺草，待翌年春茶前结合施肥翻入茶园作肥料。新垦移栽幼龄茶园，无论是秋冬 10 月份移栽或是春天 2 月底至 3 月初移栽，都必须在移栽结束后立即铺草。

茶园铺草时要有一定厚度，一般要求 8cm 以上，要求铺草后以不露土为宜。一般，成龄采摘茶园每 667m^2 铺干草不少于 2000kg，幼龄茶园不少于 3000kg ～ 4000kg。有条件的则多多益善。

平地茶园可将草料直接撒放在行间，坡地茶园应在铺好后在草料上压放一点泥块，以防止草料被水冲走，对刚刚移栽的幼茶园，铺草时应把草料紧靠茶苗根际，防止茶苗根际失水造成死苗，起到保水保苗的作用。总之，有机茶园铺草方法应因地制宜进行。

第三节　有机茶园蚯蚓放养技术

茶园饲养蚯蚓优点很多，它是提高有机茶园土壤肥力的主要方法之一。首先，蚯蚓可吞食茶园枯枝烂叶和未腐解的有机肥料并将其变成蚯蚓粪便，促进土壤有机物的腐化分解，加速有效养分的释放，熟化土壤，提高土壤肥力。其次，蚯蚓的大量繁殖和活动，可疏松土壤、增加土壤的孔隙度，有利于茶树根系生长，促进对养分的吸收和利用。最后，蚯蚓躯体还是含氮很高的动物性蛋白质，在土壤中死亡腐烂，是肥效很高的有机肥料，可直接营养茶树。茶园饲养蚯蚓是无公害茶园尤其是有机茶园重要的土壤管理措施之一。

饲养蚯蚓的方法很简单。其具体做法一般是先做好蚯蚓培养床培养种蚓，然后放养茶园。

一、种蚓培养

首先在茶园地边挖几个长 3m～4m、宽 1m～1.5m、深 30cm～40cm 的土坑，坑底铺上 10cm 左右较肥的壤土，壤土上铺放稍经堆腐的枯枝烂叶、青草、谷壳、畜禽粪便及厨房垃圾等作为蚯蚓的食料，做成蚯蚓培养床。其次，在食料上再铺上 10cm～15cm 的肥土，然后经常浇水，使蚯蚓培养床保持 50%～60% 的田间相对含水量。再次，约过半个月食料充分腐烂，然后从肥土地里挖取并收集蚯蚓，把收集到的蚯蚓放到蚯蚓培养床内，每平方米 30 条～50 条。最后，经常浇水，保持床内湿润，经过数月后，蚯蚓开始在床内大量生长、繁衍，可作茶园放养用。注意在投放蚯蚓时必须待青草、谷壳、畜禽粪便等完全发酵腐烂后才可放入种蚓进行培养，不然发酵升温会把种蚓烧死。

二、放养茶园

先在茶园行间开一条宽 30cm～40cm、深 30cm 的放养沟，沟里铺放堆沤肥、草肥、栏肥、茶树枯枝落叶、稻草等物，加上少量表土拌和均匀，接着挖出事先准备好的蚯蚓培养床中的蚯蚓、蚯蚓粪便及蚯蚓未吃完的枯枝落叶等一起撒到茶园放养沟中，然后盖上松土，浇水，让蚯蚓自然生长、繁衍。每年结合施基肥检查 1 次蚯蚓生长情况并加稻草、杂草、枯枝落叶等蚯蚓的食料，如发现蚯蚓生长不良，要继续放入种蚓，直到生长繁衍良好为止。

第四节　有机茶园绿肥种植技术

一、有机茶园间作绿肥

有机茶园间作绿肥是自力更生解决肥源的一项重要措施，也是利用太阳能转为生物能来提高和保持茶园土壤肥力的一项基本有机农业技术。其优点很多：首先，可以增加茶园行间的绿色覆盖度，减少土壤裸露程度，降低地表径流，增加雨水向土壤深处渗透，减少水土流失。据杭州茶叶试验场研究，坡度为 3° 的幼龄茶园行间间种花生之后，土壤冲刷量可比原来减少一半。又据安徽祁门茶叶研究所试验，坡度为 5°～10° 的 1 年生幼龄茶园间作豆科绿肥后，土壤冲刷量比不间作的约减少 80%，所以幼龄茶园间作绿肥是防止水土流失的重要措施。另外，绿肥根系发达，尤其是豆科绿肥作物有共生的固氮菌，可以固氮，它在行间生长不仅可以促使深处土壤疏松，而且还可增加土壤有机质，提高氮素含量，加速土壤熟化。其次，茶园间作绿肥可以改善茶园生态条件，冬绿肥可提高地温，减少茶苗受冻程度，夏绿肥还可起到遮阳、降温的作用。据广东省农业科学院茶叶研究所研究幼龄茶园行间间作夏绿肥试验，幼龄茶园间作夏绿肥大绿豆后，在 7—9 月期间地温比不间作的下降 10℃～15℃，大大减少茶苗的受害率。据江北茶区试验，冬季间作冬绿肥可使地温增加 0.6℃～6℃，茶苗受冻率减少 9.8%～16.8%。还有一些茶园梯坎、地边、沟边、路边等种植的多年生绿肥，对固土、防塌、护坡（沟路）等效果也十分明显。茶园种植绿肥是一项一举多得的高效益措施，也是一项自力更生解决肥料问题的重要措施。绿肥作为纯天然植物，对于绿色食品茶园和有机茶园尤为重要，应大力推行。幼龄茶园无论间作春播夏绿肥还是间作秋播冬绿肥，对提高土壤肥力，增加茶叶产量，改善茶叶品质都具有十分明显的效果。据中国农业科学院茶叶研究所试验，幼龄茶园间作冬季绿肥大荚箭筈豌豆，与不间作茶园相比，土壤有机质增加 7.2%，全氮量增加 60%，有效氮、磷、钾分别增加 2 倍。四五年后的茶叶产量增加 31.6%，春茶和秋茶的茶叶氨基酸含量增加 10% 和 60%。间作春播夏绿肥乌豇豆也获得类似的良好效果。但不是所有有机茶园都能间作绿肥，茶园间作绿肥只限于 1～3 年生的幼龄茶园、新台刈改造茶园及密度较稀疏的丛栽旧式茶园等，对于条栽成龄采摘茶园因行间空间小，已不能间作绿肥了，这是一个缺陷。为了弥补这一缺陷，成龄采摘茶园要充分利用地边、沟边、路边、塘边、梯坎及其他的零星地角广泛种植绿肥，或者开辟专门的绿肥基地为专业茶园服务，以充分发挥绿肥作物在有机茶生产中的作用。

二、有机茶园绿肥品种的选择

适合有机茶园种植的绿肥品种很多，要根据当地气候条件、土壤特点、茶树品种、种植方式、茶树树龄和绿肥作物本身生物学特性等因地制宜地选择恰当的品种。有机茶园缺氮是常见的问题，选择绿肥首先应考虑选固氮能力强的、含氮高的豆科作物。虫害多的可考虑选择一些对虫害有驱避作用的非豆科作物。一般在长江中下游广大茶区，作为茶园种植前先锋作物的绿肥，尽量选择耐瘠、抗旱根深、植株高大、生长快的豆科品种，如柽麻、大叶猪屎豆、决明豆、羽扇豆、毛蔓豆、田菁、印度豇豆、肥田萝卜等；1～2年生中小叶种幼龄茶园，尽量选择矮生或匍匐型豆科绿肥，如小绿豆、伏花生、矮生大豆等，既不妨碍茶树生长，又能收到水土保持的效果；2～3年生幼龄茶园可选用早熟、速生的绿肥，如乌豇豆、黑毛豆、泥豆等，可防止出现茶树与绿肥之间生长竞争的矛盾。对于华南茶区，夏季可选用秆高、叶疏、枝秆呈伞状的山毛豆、木豆等，既可作肥料又可作茶苗遮阴物。在长江以北茶区冬季可选用蓝花苕子等，既可作肥料又有土壤保温效果。坎边绿肥以选用多年生品种为主，长江以北茶区可选种紫穗槐、草木樨；华南茶区可选种爬地木兰、无刺含羞草等；长江中下游广大茶区可选种紫穗槐、知风草、大叶胡枝子、除虫菊、艾草、雷公藤、鱼藤等。

三、有机茶园间作的春播夏季绿肥

（一）豇豆

豇豆又称饭豇豆。豆科豇豆属，1年生蔓生草本植物。适宜于长江中下游广大地区种植。喜温暖湿润气候，在气温20℃以上时生长迅速。生长期短，在浙江、江西、湖南等省1年可种两季，耐旱性强。其中乌豇豆的耐旱、耐瘠性最好，株型矮小，与茶树生长矛盾不大。干物质中的氮（N，下同）、磷（P_2O_5，下同）、钾（K_2O，下同）含量分别为22g/kg、8.8g/kg和12g/kg。

（二）大叶猪屎豆

大叶猪屎豆又称响铃豆。豆科1年生或多年生灌木状草本植物。适宜长江中下游地区和华南茶区种植。耐旱、耐瘠性强，有再生能力，1年可割多次，产量高，是茶园理想的夏季先锋绿肥。此外，可在幼龄茶园中间作的还有三尖叶猪屎豆、三圆叶猪屎豆，但由于株型高大，生长易与茶树产生争肥、争水和争光的矛盾。干物质中的氮、磷、钾含量分别为 27.1g/kg、3.1g/kg 和 8g/kg。

（三）柽麻

柽麻又称太阳麻。豆科百合属，1 年生草本植物。株型直立，高 2m 左右。适宜在长江中下游地区种植，喜温暖湿润气候，适宜生长温度为 20℃～30℃，耐旱又耐涝。但茎叶比较大，茎秆木质化程度高，株型高大，可作茶园种植前的先锋作物。干物质中的氮磷钾含量分别为 29.8g/kg、5g/kg 和 11g/kg。

（四）饭豆

饭豆又称眉豆。豆科豇豆属，1 年生草本植物，适宜长江中下游及西南广大茶区引种，比较耐瘠，但植株矮小，产量低，常有藤蔓缠绕茶树，需及时清理，以免影响茶树生长。干物质中的氮、磷、钾含量分别为 20.5g/kg、4.9g/kg 和 19.6g/kg。

（五）花生

花生，1 年生豆科作物。其抗旱能力强，适宜栽种于沙性土壤，适宜各茶区种植。花生品种较多，以伏花生为最好，营养成分高，株型矮小，保土、保水性能强，对春季干旱的江北茶区间作更为适宜。干物质中的氮、磷、钾含量分别为 44.5g/kg、7.7g/kg 和 25.5g/kg。

（六）大豆

大豆即黄豆，1 年生豆科草本植物。它的经济价值高，一般直播埋青作绿肥用的不很普遍。但其中的乌毛豆、泥豆、野大豆耐瘠，抗性强，作绿肥间作的较多。株型短小，植株叶片肥厚，养分含量丰富，埋青后分解快，是茶园的好绿肥，适宜全国各地种植。干物质中的氮、磷、钾含量分别为 31g/kg、4g/kg 和 36g/kg。

（七）绿豆

绿豆豆科豇豆属，1 年生草本植物。喜温暖湿润气候，生长期间要求有较高的气温，作茶园绿肥的绿豆有小绿豆和大绿豆两种。小绿豆植株矮小，生长期短，产量低，抗逆性差，适于台刈改造后第 1～2 年的茶园中间作，在长江中下游地区种植较普遍。大绿豆植株高大，半匍匐型，抗性强，长势好，生长期长，产量高，为避免因生长过旺而影响茶树生长必须及时刈割。干物质中的氮、磷、钾含量分别为 20.8g/kg、5.2g/kg 和 39g/kg。

四、有机茶园秋播冬季绿肥

（一）紫云英

紫云英又称红花草子。豆科 1 年生或越年生草本植物。株型半直立，喜凉爽气候，适宜于水分条件优越、肥力水平较高的幼龄茶园栽培，抗逆性差，最适生长温度 15℃～20℃，1 月份平均气温不低于 0℃的地区间作，一般都可获得较好的效果。干物质中的氮磷、钾含量分别为 27.5g/kg、6.6g/kg 和 19.1g/kg。

（二）金花菜

即黄花苜蓿。1 年生或越年生草本植物。株体半直立型，全国各地茶区都有种植，主要栽培于浙江、安徽、江苏等省。适宜于排水良好的茶园种植，耐寒性较紫云英强。干物质中的氮、磷、钾含量分别为 32.3g/kg、8.1g/kg 和 23.8g/kg。

（三）苕子

苕子又称蓝花草子。豆科野豌豆属，1 年生或越年生匍匐草本植物。温度在 10℃～17℃时生长迅速。适宜在长江以南茶区、华南茶区的一部分高山茶园种植。由于它抗旱、抗寒，耐瘠性强，适应性广，是肥力较低，水、热条件较差茶园的冬季好绿肥。但其生长期长，并有藤蔓缠绕茶树，会影响茶树生长。间作后必须加强茶园清理，及时埋青。干物质中的氮、磷、钾含量分别为 31.1g/kg、7.2g/kg 和 23.8g/kg。

（四）箭筈豌豆

箭筈豌豆又名大巢菜。豆科 1 年生或越年生草本植物。主根明显，根瘤多，生长势强，茎叶丰盛，产量高，并有耐旱、耐寒、耐瘠的特点，适应性也较广。喜凉爽湿润气候，在短期 -10℃低温下，可以越冬。为半匍匐型，保土保水较好。在我国各茶区都可间作。种子含有氢氰酸（HCN），人、畜食用过量会中毒。种子经蒸煮或浸泡脱毒后可食用。干物质中的氮、磷、钾含量分别为 28.5g/kg、7.1g/kg 和 18.2g/kg。

（五）蚕豆

蚕豆豆科 1 年生或越年生草本植物，是一种优良的粮、菜、肥兼用作物。株型直立，茎叶水分含量高，肥厚，埋后容易分解。干物质中的氮、磷、钾含量分别为 27.5g/kg、6g/kg 和 22.5g/kg。

（六）豌豆

豌豆豆科豌豆属，1 年生或越年生草本植物，是粮、菜、肥兼用作物。全国各茶区都可种植。有白花豌豆和紫花豌豆两种。白花豌豆为早熟种，产量低；紫花豌豆为迟熟种，分枝多，产量高。适宜于冷凉而湿润的气候，种子在 4℃左右即可萌芽，能耐 -4℃～ -8℃低温。耐旱、耐瘠、耐酸能力强，是茶园较好的冬季绿肥。干物质中的氮、磷、钾含量分别为 27.6g/kg、8.2g/kg 和 28.1g/kg。

（七）肥田萝卜

肥田萝卜俗称满园花。十字花科萝卜属，1 年生或越年生直立草本植物。耐旱、耐瘠力强，对土壤要求不严格，吸磷能力强，产量高，不仅是茶园种植前较好的先锋作物，而且也可作幼龄茶园的间作绿肥，但抗寒性弱，苗期要保温。干物质中的氮、磷、钾含量分别为 28.9g/kg、6.4g/kg 和 36.6g/kg。

五、坎边多年生豆科绿肥

（一）紫穗槐

紫穗槐又称棉槐。多年生豆科落叶灌木。抗干旱、抗瘠性强，株体高大，耐刈割，产量高，养分含量丰富，根系深，固土能力强，能耐低温，适应性广。我国江北产茶省（区）种植最多，近年来南方产茶省（区）亦有引种，是较好的坎边绿肥。干物质中的氮、磷、钾含量分别为 33.6g/kg、7.6g/kg 和 20.1g/kg。

（二）木豆

木豆。豆科小灌木型植物。广东、广西、海南、云南以及闽南等地都有种植。耐寒性差，在长江中下游地区不易越冬。其茎叶幼嫩，容易腐烂，肥效好，是华南地区较好的坎边绿肥。干物质中的氮、磷、钾含量分别为 28.7g/kg、1.9g/kg 和 14g/kg。

茶园多年生绿肥还有很多，如长江以北茶区的草木樨，华南茶区的山毛豆，长江中下游广大茶区的大叶胡枝子等都有很高的利用价值,也都是很好的茶园多年生绿肥作物。

六、有机茶园种好绿肥的注意事项

有机茶园种绿肥,既要使绿肥高产优质,又要能促进茶树本身生长发育,因此,要科学合理种植,把好种植、管理等几个关键。具体要求如下几点。

(一)不误农时,适时播种

不误农时,适时播种是茶园绿肥高产、优质的关键。我国大部分茶区有机茶园地处高山或半高山地区,冬季气温较低,茶园冬季绿肥如果播种太晚,在越冬前绿肥苗幼小,根系又浅,抗寒抗旱能力弱,易遭冻害,影响苗期成活率,从而也影响产量。根据浙江省绍兴市的种植经验,在当地气候条件下,茶园间作紫云英,如果秋分至寒露之间播种,667m² 产量达 2750kg ～ 3000kg;寒露前后播种,产量为 2250kg ～ 2750kg;如在寒露到霜降之间播种,产量在 2250kg 以下。在适宜的播种期内,如水分和气候条件许可,要力争早播,有利于高产优质。对于春播夏绿肥也一样,太早播种,气温低,不易出苗,遇到"倒春寒"会受冻,成活率低;播种过迟,推迟生长,会贻误良好的生长时机。一般在长江中下游广大茶区,秋播冬绿肥在 9 月下旬至 10 月上旬较为恰当,春播夏绿肥在 4 月上中旬为妥。南北茶区因气温差别,可适当提早或推迟播种。

(二)因地制宜,合理密植

因地制宜合理密植是茶园间作绿肥成败的关键。如果间作密度过大,虽然可以充分利用行间,获得绿肥高产,但会影响茶树的生育。反之,如果间作太稀,则不能充分利用行间空隙,绿肥产量低。茶园间作绿肥时宜采用绿肥与绿肥之间适当密播,绿肥与茶树之间保持适当距离,尽量减少绿肥与茶树之间的矛盾。在长江中下游广大茶区间作绿肥,条栽茶园夏季绿肥宜采用"1、2、3 对应 3、2、1"的间作法,即 1 年生茶园间作 3 行绿肥,2 年生茶园间作 2 行绿肥,3 年生茶园间作 1 行绿肥。4 年生以后,茶园不再间作绿肥。至于秋播冬绿肥,由于茶树与绿肥之间矛盾少,可以适当密播。例如,采用油菜、肥田萝卜、紫云英、苕子混播或采用豌豆、肥田萝卜、黄花苜蓿混播。绿肥与绿肥之间可取长补短,互相依存,有利于抗寒和抗旱,产量可比单播高 40% ～ 70%。

（三）根瘤菌接种

在新垦有机茶园或换种改植的有机茶园土壤中，能与各种豆科绿肥共生的根瘤菌很少，茶园间作绿肥产量不高，质量也差。因此在茶园间作绿肥时，要选用相应的根瘤菌接种。据浙江省嵊州市等地试验，新茶园间作冬季绿肥紫云英时，用根瘤菌接种的比不接种的可增产5%～10%。此外，在一般红壤茶园中，钼的含量低，绿肥根瘤菌往往生长不良，固氮能力弱。如果在根瘤菌接种时拌以少量钼肥，可大大提高绿肥固氮能力，这在有机茶园中也是允许的。根瘤菌接种时，要"对号入座"，绿肥与菌种之间不能张冠李戴。如一时找不到合适对号的根瘤菌剂时，可采用多年种过该绿肥并绿肥生长较好的土壤进行拌种，也有一定效果。

（四）增施磷肥，以磷增氮

有机茶园由于不能施用化肥氮，茶园氮素营养不足是个大问题，但豆科绿肥可以固氮，增加土壤中氮素营养。一般豆科绿肥对磷素反应都十分敏感，磷肥能促进绿肥作物生长，增加根瘤菌的固氮能力，提高绿肥产量和含氮水平，在播种时或苗期增施钙镁磷肥或磷矿粉肥都有较好的效果。但应注意有机茶园不能施用化学合成和加工的磷肥，如过磷酸钙磷石灰等。

（五）及时刈青，减少茶肥矛盾

各种绿肥，尤其是夏季绿肥中的高秆绿肥，如田菁、大叶猪屎豆、大绿豆等，株体高大，后期生长迅速，吸收能力强，在茶园中间作常会妨碍茶树正常生长。有的蔓生绿肥，藤蔓缠绕茶树也会影响茶树生长，这时，就需要通过刈青来解决。另外，绿肥一定要及时翻埋，一般在绿肥处于上花下荚时割埋最好。为了获取经济效益也可在采收部分豆荚后翻埋，但不能等完全老化后才割埋。

（六）利用零星地块，广辟肥源

茶园绿肥只能在幼龄茶园、台刈改造后1～2年的茶园和密度不大的老茶园中间作，而成龄投产茶园中则不宜间作。一般间作绿肥也不宜在茶园中留种，否则会影响茶树生长。为了扩大绿肥种植面积，除了在幼龄茶园中间作绿肥之外，应有计划地利用一切可以利用的土地，建立绿肥基地，增加绿肥肥源。有机茶在生产较集中的地方，要规划一部分集中成片的土地，专门生产绿肥。专用绿肥基地的土地，最好选择荒山或有待改造后作有机茶生产的土地，此外，有机茶园大部分分布在山区，地块分割，某些零星地块不宜建设茶园，这些地块是种植绿肥的理想处所。此外，路边、沟边，水库、塘堰四周亦应充分利用。

零星种植的绿肥应以多年生耐刈青的高秆绿肥为主，结合护路、护坡、护坎有计划地种植。

七、有机茶园绿肥的利用

有机茶园绿肥利用方式很多，其中主要有以下几种。

第一种，绿肥作牲畜饲料。许多茶园绿肥茎叶和豆荚等都可以作牲畜饲料，营养价值较高。绿肥经过动物肠胃消化吸收后，牲畜粪便经无害化处理施于茶园作有机肥，可作基肥用。这样可以使绿肥的生物能充分得到利用，是有机农业重要举措，也是有机茶园绿肥最佳利用方式。

第二种，绿肥作沼气发酵材料。茶园绿肥有机质含量高，是作沼气发酵的好材料。把绿肥和畜禽粪便一起放在沼气池中发酵，所产生的沼气可作炒茶和照明等用，废渣和沼气液含氨率高，速效性强，可作茶园追肥，这也可充分利用绿肥中的生物能，为有机茶生产服务，也是有机茶园绿肥较佳的利用方式。

第三种，绿肥作茶园土壤覆盖物。土壤覆盖是有机茶生产极为重要的农技措施，好处很多，但因受覆盖物草源的限制，推广受到影响。绿肥是就地可用的最佳土壤覆盖材料，春播夏绿肥可作夏秋伏大干旱时的覆盖材料，拔起后直接铺到行间，待秋冬深耕时埋入土中作肥料，伏天起到抗旱保苗作用，秋冬又起到施基肥的作用。秋播冬绿肥也可作春、夏时的土壤覆盖材料，可防冲刷保墒、降温，待翌年茶园浅耕时埋入土壤作肥料，一举两得，这也是有机茶园绿肥利用的较好方法。

第四种，绿肥直接翻埋作肥料。茶园绿肥可直接埋入行间作肥料，当秋播冬绿肥在 5 月份上花下荚时，拔后在行间开沟作春肥施用，春播夏绿肥在 8—9 月待上花下荚时开沟作夏秋肥施入。绿肥直接埋青可提高土壤含水量，效果好。但直接埋青时要防止绿肥腐烂发酵造成烧根现象，所以埋青时不要靠茶根太近，最好埋在茶行中间。

第五种，绿肥作堆、沤肥用。在茶园地边挖几个大小不等的地头坑，将各种绿肥及当地的杂草枯枝、落叶等有机物与一些厩肥、沤肥、塘泥放在坑中，经过一段时间堆、沤使之腐熟化，在茶园施肥季节作基肥或作追肥用。

第四章 有机茶园施肥

第一节 有机茶园施肥准则

有机农业的土壤培肥技术不同于常规农业。有机农业认为土壤是一个有生命的系统,施肥的目标就是培育土壤,从而形成健康的土壤微生态,再通过土壤微生物的作用供给作物养分。有机肥料是有机茶叶增产、提质、增效的物质基础。有机茶园施肥应以根系—微生物—土壤的关系为基础,通过综合性地改善土壤的物理、化学、生物学特性,使三者的关系协调化。常规农业则是以大量的化肥来维持高产量。有机茶园的施肥按照农业行业标准 NY/T 9157—2002《有机茶生产技术规程》进行管理,具体内容为:

(1)禁止施用各种化学合成的肥料和含有毒、有害物质的城市垃圾、污泥及其他物质。

(2)严禁使用未经腐熟的人粪尿、畜禽粪便。如要施用,则必须经过无害化处理,以杀死各种寄生虫卵、病原体、杂草种子等。

(3)有机肥原则上自力更生,就地取材,就地处理,就地施用。外来有机肥必须经过检测,确定符合标准要求后方可使用。商品有机肥、有机复混肥、活性生物有机肥、有机叶面肥和微生物制剂肥料必须得到相关有机产品认证机构颁证或认可后才能使用。

(4)天然矿物肥料施用时,必须查明产地、来源、包装、贮运及肥料的主、副成分与含量等情况,确认属纯天然、无污染的物质后才能施用。

(5)大力提倡有机茶园间作豆科绿肥,施用草肥。实施修剪枝叶回园技术。

(6)所有施于有机茶园的肥料,不应对茶园生态环境和茶叶品质造成不良影响,同时应截断一切因施肥而带入重金属和有机污染物的污染源。

第二节 有机茶园施肥限制

有机茶园允许使用的肥料应当在GB/T 19630.1—2011《有机产品第1部分:生产》中的附录表A.1所列范围之列,并符合其所要求的使用条件。主要有:

(1)绿肥:春播夏季绿肥,秋播冬季绿肥,坎边多年生绿肥,以豆科绿肥为最好。

(2)草肥:指山草、水草、园草和各种农作物秸秆等,最好要经过暴晒、堆、沤后施用。

(3)木制品:指采伐后未经化学处理的木材及其下脚料,作为地面覆盖或者经过堆制,包括木料、树皮、锯屑、刨花、木灰、木炭及腐殖酸类物质等。

(4)畜禽粪便:指各种家畜、家禽粪便,经过堆腐和无害化处理,包括各种圈肥、厩肥等。

(5)堆(沤)肥:指肥料中不含有任何禁止使用的物质,并经过50℃~70℃高温堆制处理数周。允许添加来源于自然界的微生物,不能使用转基因生物及其产品,如蘑菇培养废料、蚯蚓培养基质的堆肥,但初始原料要符合有机茶园投入品的条件。

(6)沼(气)肥:指通过畜禽粪便和植物材料混合,经过厌氧发酵后留下的沼气水和沼渣等发酵产品。

(7)海草肥:仅限于经过物理过程(包括脱水、冷冻和研磨等)、用水或酸和(或)碱溶液提取、发酵过程的各种产品。

(8)动物残体或制品:指未经化学处理过的血粉、肉粉、鱼粉、骨粉、蹄角粉、皮毛、羽毛、毛发、牛奶及奶制品、蚕蛹、蚕沙等,要经过堆制或者发酵处理。

(9)食品工业副产品:要经过堆制或发酵处理,还包括可以生物降解的微生物加工副产品,如酿酒和蒸馏酒行业的加工副产品。

(10)草木灰:各种植物材料作为薪柴燃烧后的产品。

(11)饼肥:指各种油料植物种子的油粕,不允许经过化学方法加工(浸出粕不能使用),其中茶籽饼、桐籽饼等要经过堆腐,豆籽饼、花生饼、菜籽饼、芝麻饼等饼肥可直接施用。

(12)天然矿物和矿产品:允许使用溶解性小的天然矿物肥料,包括天然来源、不受污染、未经化学处理、未添加化学合成物质的磷矿粉(镉含量≤90mg/kg五氧化二磷)、钾矿粉(氯含量<60%)、硼砂、微量元素、镁矿粉、硫黄、石灰石(白垩等)、黏土等,而且不能作为系统中营养循环的替代物。

（13）石灰：仅用于调节茶园土壤 pH。

（14）煅烧磷肥：钙镁磷肥、脱氟磷肥，要求天然来源，未经化学处理、未添加化学合成物质。

（15）人粪尿：要经过充分的腐熟和无害化处理之后才可以施用，禁止茶树叶面喷施。

（16）有机叶面肥：指以动、植物为原料，采用生物工程而制造的含有各种酶、氨基酸及多种营养元素的肥料，必须按照有机生产中使用的投入品准则评估许可后方可使用。

（17）其他按照有机生产中使用的投入品准则评估许可后才能使用的肥料。

第三节　农家肥的处理与施用

一、农家肥的选择

我国农民有使用农家肥（有机肥）的悠久历史和丰富经验，我国农村的"地靠粪养、苗靠粪长"的谚语，在一定程度上反映了施用农家肥对于改良土壤、培肥地力的作用，可见农家肥在农业生产中起着极为重要作用。农家肥源主要有人粪尿、厩肥、堆肥、饼肥、农作物秸秆等。这些肥料含有较丰富的氮、磷、钾等养分，但他们的属性各不相同。在有机茶叶生产中茶农十分重视农家肥的使用。农家肥的合理施用，有利于改良茶园土壤结构，提高茶叶产量和改善茶叶品质。目前较常用的农家肥有以下几种。

（一）人粪尿

发酵腐熟后可直接使用，也可与土掺混制成大粪土作追肥。人粪尿的有效养分含量较高，分解快，营养元素容易释放，既可作基肥，又可作追肥。干旱季节，取腐熟的人粪尿用清水稀释后可作小苗的追肥，抗旱效果好。据测定，人粪尿含氮（N）0.5% ～ 0.8%、磷（P_2O_5）0.2% ～ 0.4%、钾（K_2O）0.2% ～ 0.3%、有机质 5% ～ 10%，其中人粪含氮（N）1.0%、磷（P_2O_5）0.5%、钾（K_2O）0.37%，人尿含氮（N）0.5%、磷（P_2O_5）0.13%、钾（K_2O）0.19%（养分含量占鲜重的百分率）。

（二）猪粪

猪粪是我国茶区主要的有机肥料来源之一。有机质和氮、磷、钾含量较多，腐熟的猪粪可施于各种土壤，尤其适用于排水良好的热潮土壤。猪粪含有机质15%、氮（N）0.5%、磷（P_2O_5）0.5%～0.6%、钾（K_2O）0.35%～0.45%，猪粪的质地较细，成分较复杂，含蛋白质、脂肪类、有机酸、纤维素、半纤维素以及无机盐。猪粪含氮素较多，碳氮比例较小（14：1），一般容易被微生物分解，释放出可为作物吸收利用的养分。

（三）羊粪

羊粪属热性肥料，是我国茶区主要的有机肥料来源之一，宜和猪粪混施，适用于凉性土壤和阴坡地。羊粪含有机质24%～27%、氮（N）0.7%～0.8%、磷（P_2O_5）0.45%～0.6%、钾（K_2O）0.4%～0.5%。羊粪含有机质比其他畜粪多，粪质较细，肥分浓厚。

（四）家禽肥

禽粪腐熟后，养分含量高，可作种肥、基肥和追肥，其主要养分含量见表4-1。

表4-1　常见禽粪养分含量（%）

种类	水分	有机物	氮（N）	磷（P_2O_5）	钾（K_2O）
鸡粪	50.5	25.5	1.63	1.54	0.85
鸭粪	56.6	26.2	1.10	1.40	0.62
鹅粪	77.1	23.4	0.55	0.50	0.95
鸽粪	51.0	30.8	1.76	1.78	1.00

（五）堆肥

堆肥指以作物秸秆、枯枝落叶、垃圾、杂草、绿肥等有机物为原料与人畜粪尿共同堆积腐熟而成的肥料。由于堆肥取材方便，制作简单，在茶园的边角和空地均可堆制，因此，它是当前广大茶区主要的有机肥来源之一。堆肥可因地制宜使用，最好结合春、秋耕作底肥。堆肥的养分含量，与所用材料、用量和堆积方法有密切关系。一般堆肥含有机质15%～25%、氮（N）0.4%～0.5%、磷（P_2O_5）0.18%～0.26%、钾（K_2O）0.45%～0.70%、碳氮比（C/N）（16：1）～（20：1）。高温堆肥含有机质24%～42%、氮（N）

$1.1\% \sim 2.0\%$、磷（P_2O_5）$0.30\% \sim 0.82\%$、钾（K_2O）$0.50\% \sim 2.53\%$、碳氮比（C/N）（$9.7:1$）$\sim$（$10.7:1$）。

（六）饼肥

饼肥是有机茶园最常用的较好的有机肥料之一。它的有效成分高，营养元素完全，氮素含量丰富，发酵后分解快，养分释放迅速。它是油料的种子经榨油后剩下的残渣，这些残渣可结合秋耕直接作基肥施用，也可经腐熟分解后作茶园追肥。饼肥的种类很多，其中主要的有豆饼、菜籽饼、麻籽饼、棉籽饼、花生饼、桐籽饼、茶籽饼等。主要饼肥的养分含量，因原料的不同，榨油的方法不同，各种养分的含量也有所不同，一般含水分 $10\% \sim 13\%$，有机质 $75\% \sim 86\%$。饼肥主要养分含量如表4-2所示。

表4-2　常见饼肥的养分含量（%）

种类	N	P_2O_5	K_2O	$N+P_2O_5+K_2O$
大豆饼	7.00	1.32	2.13	10.45
菜籽饼	4.60	2.48	1.40	8.48
芝麻饼	5.80	3.00	1.30	10.10
花生饼	6.32	1.17	1.34	8.83
棉籽饼	3.41	1.63	0.97	6.01
桐籽饼	3.60	1.30	1.30	6.20
茶籽饼	11.1	0.37	1.23	12.70
亚麻饼	5.50	2.81	1.27	9.58
蓖麻饼	5.05	2.00	1.90	8.95
柏籽饼	5.16	1.80	1.19	8.15

这些农家有机肥的主要特点是：具有广泛的来源，可就地取材，从而降低了有机茶叶生产成本，农家肥中的有机质在土壤中被微生物分解腐烂放出二氧化碳和生成有机酸，这样可增强植物二氧化碳营养，又可促使土壤难溶性养分的溶解；农家肥含有较多的有机质，有机质在土壤中经过微生物的作用形成腐殖质，腐殖质能促进土壤团粒结构的形成，使土壤疏松，易于耕作，同时改善

了土壤的物理、化学和生物特性，提高土壤保水、保肥能力和透气性能，为茶树生长创造良好的土壤环境；农家肥不仅含有氮、磷、钾三要素，还含有钙、镁、硫等其他元素和微量元素，能较全面地满足茶树生长的营养需要。

二、农家肥进行无公害处理的原因

农家肥料如人、畜、禽粪便及厩肥等常常带有各种病毒、病菌、寄生虫卵；其中较多的有大肠杆菌、沙门氏杆菌、痢疾杆菌、霍乱杆菌、钩端螺旋体、伤寒杆菌、链球菌等，以及钩虫、蛲虫、蛔虫、鞭虫、绦虫和肝肠病毒等。这些菌、虫、病毒不仅对人体有较强的传染性，而在土壤中成活时间也很长，如杆菌可在土壤中成活 20 天至几年时间，蛔虫卵等可存活 300 天～ 400 天，炭疽杆菌芽孢可存活 30 年以上。

据有关资料报道，南京市某地施用未经处理的城市垃圾和农家肥，每克土壤中的大肠杆菌高达 23.8 万个、蛔虫卵高达 198 个，而未施肥的土壤大肠杆菌和蛔虫卵只有十几个。另外，这些农家肥还带有较高的农药残留和恶臭，如果这些肥料不加无害化处理，必然会污染茶园土壤、茶叶及周边环境。因此，在有机茶园施肥准则中明确规定，新鲜的人、畜、禽粪便及厩肥、圈肥、海肥、草肥、农家肥都要经过无害化处理，使肥料中的草籽、虫卵、病原体等在处理中使之死亡，达到有机茶园肥料施用标准后才可施用，否则是不得施用的。

三、农家肥的无害化处理

农家有机肥中的人畜粪便常带有各种病原菌、病毒、寄生虫卵等，山草也常带有各种病虫害传染体和种子等。这些肥料必须经过无害化处理后才能施到有机茶园中。目前适用于有机茶生产的无害化处理方法有紧密堆积法、疏松堆积法、疏松紧密堆积法、EM 处理法、自制发酵催熟粉堆腐法和工厂化无害化处理法。

（一）紧密堆积法

紧密堆积法又称冷厩法。将厩肥搬出畜舍堆积，加以压紧，堆外面撒上碎土覆盖。通常堆积的宽约 2m，堆积的高 1.5m ～ 1.8m，否则不易保湿。此法的缺点是：由于紧密压积，通气情况不良，厩肥进行嫌气分解，一般要堆积 2 ～ 3 个月才达到半腐熟状态，5 ～ 6 个月才达到腐熟状态，腐熟时间较长，且只能杀死部分病菌、虫卵、杂草种子。此法的优点是温度低，发热量少，加上较紧密，氨气不易挥发，有机质消耗较少，最后得到的腐殖质较多。

（二）疏松堆积法

疏松堆积法又称热厩法。将厩肥运出畜舍外，逐层堆积成2m宽。1.5m～1.8m高的肥堆，不要压紧，使它在疏松通气的条件下发酵，几天后温度可升高到60℃～70℃，高温期维持一星期以上，如果第一次肥料不多，堆高还不够，可在堆上继续堆上第二层、第三层农家肥直至达到要求高度为止。两三星期后温度逐渐降到40℃左右，当肥堆下榻的深度约为原来的1/3～1/2时，表明堆肥已达到腐熟程度，即可取出施用。此法的优点是在短期内厩肥就可腐熟，且能较彻底杀死病菌、虫卵和杂草种子；缺点是腐殖质累积较少，养分容易损失，只有在急需用肥时才采用。

（三）疏松紧密堆积法

疏松紧密堆积法吸取上述两种堆积方法的优点，克服其缺点，先疏松堆积，以利于分解和消灭病菌、虫卵和杂草种子，待温度稍降时及时压紧，再加新鲜厩肥，处理方法如紧密堆积法。其特点：腐熟快，1.5～2个月可达半腐熟程度，4～5个月可达全腐熟，养分和有机质损失较少。

（四）EM处理法

EM是一种好氧和嫌氧有效微生物群，主要是由光合细菌、放线菌、酵母菌、乳酸菌等多种微生物组成，具有除臭、杀虫、杀菌、净化环境、促进植物生长等多种功能，经其处理的人畜粪便做堆肥，可起到无害化作用。具体方法为：按EM原液50mL、清水100mL、蜜糖或红糖20g～40g、米醋100mL和烧酒（含酒精30%～35%）100 mL 的比例混合制成备用液；将人畜粪便风干至含水量30%～40%；将山草、稻草等切成1.5cm的碎段，加少量米糠拌匀，用作堆肥时的膨松物；将膨松物与人畜粪便按重量的1∶10混合拌匀，在离肥源较近、背风向阳和运输方便的地方堆成长约6m，宽约1.5m，厚20cm～30cm的肥堆；在肥堆上撒上一层薄薄的米糠或麦麸等，然后再洒上EM备用液，每1000kg肥料洒1000mL～1500mL；按上述方法铺至3～5层后用塑料膜盖好发酵；当堆内温度达到45℃～50℃时进行翻拌，一般翻拌3～4次即可堆制完成。EM处理法的优点是腐熟时间较短，一般春季15～25天，夏季7～15天，冬季则长些，腐化效果好；缺点是成本较高。

（五）自制发酵催熟粉堆腐法

在无法购到 EM 原液的情况下可采用自制发酵催熟粉代替进行有机肥料的堆腐。具体方法为：按米糠 14.5%、饼肥（菜籽饼、花生饼等）14.0%、豆粕 13.0%、糖类 8.0%、水 50.0%、酵母粉 0.5% 的比例混均，并堆放在 30℃ 以上的温度下发酵 30 ～ 50 天；用草炭粉或沸石粉按 1：1 的比例进行掺和吸收，拌匀风干后制成堆肥催熟粉；将人畜粪便风干至 30% ～ 40% 的含水量；将山草、稻草等切成 1.5cm 的碎段，加少量米糠拌匀，用作堆肥时的膨松物；将膨松物与人畜粪便按重量的 1：10 混合，同时在每 100kg 混合肥中加入 1kg 的催熟粉，充分拌匀；在堆肥舍中堆积成 1.5m ～ 2m 高的肥堆进行发酵腐熟；当堆肥 10 天后，可进行第一次翻拌，此时肥堆表面以下 30 cm 处温度可达 80℃，此后每隔 10 天翻拌 1 次，当翻拌 3 次后，肥堆表面以下 30cm 处温度一般达到 30℃，水分含量达 30% 左右，之后不再进行翻拌，等待后熟。后熟期一般 3 ～ 5 天，最多 10 天即可施用。发酵催熟粉堆腐法的优点是腐熟时间较短，能将人畜粪便中的虫卵、草籽及有害病菌等杀死，腐化效果好；缺点是成本较高。

（六）工厂化无害化处理法

工厂化无害化处理法是今后有机肥无害化处理的主要方法。具体措施为：收集大量的人畜粪便，然后进行脱水，使其水分含量达到 20% ～ 30%；将脱水过的人畜粪便输送到蒸气消毒房内采用 80℃～ 100℃蒸气进行 20 ～ 30 分钟的消毒，以杀死人畜粪便中的虫卵、草籽及有害病菌等；在脱臭和消毒后的人畜粪便中加入必要的天然矿物，如磷矿粉、白云石等进行造粒，再经烘干、过筛、包装，即可施用于有机茶园。

总之，农家肥的无害化处理方法要根据当地的气候条件，肥源类型，施用的方法、方式及施肥习惯等进行科学选择。堆肥腐熟度的鉴别见表 4-3。

表 4-3　堆肥腐熟度的鉴别指标

项目	堆肥腐熟状况
颜色气味	堆肥的秸秆变成褐色或黑褐色，有黑色汁液，有氮臭味，铵态氮含量显著增高（用铵纸速测）
秸秆硬度	用手握堆肥，湿时柔软，有弹性，干旱时很脆，容易破碎，有机质失去弹性

项目	堆肥腐熟状况
堆肥浸出液	取腐熟的堆肥加清水搅拌后 [肥水比例一般 1 :（5 ~ 10）]，放置 3 ~ 5 分钟，堆肥浸出液颜色呈淡黄色
堆肥体积	腐熟的堆肥，堆肥的体积比刚堆时塌陷 1/3 ~ 1/2
碳氮比	一般为 20 : 1 ~ 30 : 1
腐殖化系数	一般为 30% 左右
蛔虫卵死亡率	95% ~ 100%
水分含量	25% ~ 35%
pH 值	6.5 ~ 8.5

第四节　有机肥的施用

一、茶园基肥

有机茶园只能施有机肥和天然矿物性肥料，这些肥料一般用作基肥。各地可根据不同土壤肥力，不同的肥料质量，不同茶树品种、树龄和生长势等来确定施肥量。施基肥时必须做到"施净""施早""施深""施足""施好"。

（一）施净

有机茶园施用的各种有机肥其卫生标准、重金属含量和农药残留必须达到相关标准要求，决不允许掺和化学合成肥料，工厂化生产的商品有机肥必须经过有机产品认证机构认证或认可后方可施用。天然矿物肥必须持有化验证书等确认无害后才可施用。

（二）施早

有机茶园基肥要早施。有机肥属缓效肥，养分释放比较缓慢，必须适当早施，使其在土壤中早释放。早施基肥可增加茶树对肥料养分的吸收与积累，提高肥料利用率，有利于茶树的抗寒保暖，对茶树新梢的形成和萌发，提高茶叶产量和质量都具有重要作用。早施时间因各茶区的气候不同而有所差异，一般选择在茶季结束后立即施肥效果较好。

（三）施深

有机茶园施肥一般要求沟施。沟深要求 15cm ～ 25cm，施后覆土，有利于茶树根系对养分的充分吸收，提高肥效。

（四）施足

有机茶园基肥的施用量要大。有机肥的营养元素含量较低，只有足够数量的有机肥才能满足茶树生长对养分的需求，也只有足够数量的有机肥才能对有机茶园土壤起改良作用。成龄采摘茶园，每年每公顷堆肥的施用量一般不少于 15000kg。若施饼肥，则每年每公顷的施用量一般不少于 5000kg。

（五）施好

施好即要选择含氮量高、营养元素丰富的有机肥或有机茶专用肥施用。

二、茶园追肥

速效性较强的有机肥可选作有机茶园的追肥使用，如经过充分腐熟和无害化处理的堆沤肥、人粪尿、畜禽粪肥和沼气池中的废液等。此外，还可选用有机茶专用肥、通过微生物技术过程产生的氨基酸液肥等。追肥的施用时期一般在春茶和夏茶采摘结束后进行秋茶追肥。夏肥一般在 5 月中下旬施用，秋肥要避开"伏旱"施用。追肥尽量沟施，深度 10cm ～ 15cm 即可。

第五章　有机茶园病虫草害防治

茶树病虫草害的防治是茶叶生产过程中不容忽视的重要环节，是影响茶叶安全和质量的重要因素。然而当前茶树病虫草害的防治主要依赖于化学农药的使用，致使茶叶的农药残留和有害物质富集问题日益突出，同时损害和削弱了茶树病虫草害的自然生态控制因子，导致病虫害发生更加猖獗，更需要进行农药防治，形成恶性循环。有机茶园病虫草害的防治特别强调按有机农业的要求，完全禁用化学农药，提倡以生态控制（biological control）为主、结合栽培防治措施和有机农业允许的药剂防治措施的综合防治体系（integrated control system），重建良好茶园生态系统，使因病虫害发生造成的损失稳定在经济允许的损失水平以下，保障茶叶正常生产。

第一节　有机茶病虫草害防治的原理

茶树是一种多年生木本作物，植株大多不高，树冠密集，树幅宽大，四季常青，一经种植可连续生产几十甚至上百年，因此封园投产后的茶园是一个树冠郁闭、小气候相对稳定的特殊生态环境。同时，茶园是一个人为干扰较大的人工生态系统，从园地开垦、茶苗种植到茶树修剪、采摘、施肥、病虫防治等无不受到人为因素的干扰。近几十年来，随着生态环境的变化，栽培措施的变革，茶园生态环境的多样性趋于简单化，病虫易于流行和扩散；推广良种而忽视地方抗性品种，使茶树抗性减弱；普遍使用化学肥料，尤其是大量偏施氮肥，致使茶园土壤活性降低，改变了茶树体内的碳氮比例，吸汁害虫易生成。在茶园病虫草害防治过程中只注重病虫草害本身防治而忽视茶园环境作用，主要依赖化学农药和除草剂而忽略其他措施的协调，重视治的手段而放松了防的措施，致使茶园生态平衡遭到破坏，引起茶园病虫区系不断发生变化，危险性害虫日益猖獗，草害依然严重，最为突出的是"3R"问题，即残留量（Residue）、抗药性（Resistance）和再猖獗（Resurgence）。因此，重建、恢复、保持茶园良好的生态环境，采用不使用化学农药和除草剂的茶园病虫草害防治的有效方法在有机茶生产中显得尤为迫切和关键。

在有机农业体系中，茶树病虫草害综合防治的基本原理是基于茶园病虫的生态控制，即在了解茶园生态环境中各种有利和不利因素的基础上，按照生态学的基本原则，从病虫害、天敌、茶树及其他生物和周围环境整个系统出发，在充分调查、掌握茶园生态系统及周围环境的生物群落结构的前提下，研究各种生物与非生物因素之间的联系；掌握各种有益生物种群和有害生物种群的发生消长规律及相互关系，全面考虑各种技术措施的控制效果、相互联系、连锁反应及对茶树生长发育的影响，充分发挥以茶树为主体的、以茶园环境为基础的自然调控作用。其主要的防治方法如下。

一、改善茶园生态环境，增强茶园自然调控能力

进行茶园病虫草害综合防治必须首先全面调查茶园的生态条件，包括气象、土壤、植被、动物等的基本情况，系统了解当地气候因素、土壤条件与茶树生长发育的关系以及对病虫发生的影响。一般来说，山区和半山区茶园自然条件较好，植被丰富，气候适宜，素有"高山云雾出好茶"之说。对于这样的茶园要注意维持和保护生态平衡。对于自然条件较差的丘陵和平地茶园，要采取植树造林种植防风林、行道树、遮阳树，间种绿肥和覆盖作物等措施，增加茶园周围的植被。部分茶园还应该退茶还林、退茶种果，调整作物布局，使茶园成为较复杂的生态系统，从而改善茶园的生态环境，增强自然调控能力。

二、调查茶园生物群落结构，促进和维持茶园生态平衡

生态学原理提示，任何一个生态系统都具有一定的结构和功能，都是按照一定的规律进行物质、能量和信息的交换，从而推动生态系统不断地发展。生态系统的每一个因素都表现了功能和结构的相互依赖性，任何一个因素发生变化，都会引起其他因素发生相应的变化。因此，进行茶园病虫的生态控制，必须全面调查茶园及周围环境中各种生物的种类与数量，明确主要种群的动态及群落间的相互联系。其中，尤其要掌握茶树的生物学特性与病虫发生的关系，茶园害虫与天敌群落的特征及消长规律，茶园土壤微生物群落以及茶园杂草群落与茶园病虫害发生的联系。生物群落结构一般可用丰富度、多样性指数、均

匀度、优势度等指数来分析。茶园生物群落还涉及其稳定性与生产力，与茶叶生产紧密相关。在茶园生态环境里，生物群落结构越复杂，其稳定性也越大。因此在设计生态控制措施时，应以维持茶园生态系统平衡为目标。

三、坚持以农业技术防治为基础，加强茶园栽培管理措施

茶园栽培管理既是茶叶生产过程中的主要技术措施，又是病虫草害防治的重要手段，它具有预防和长期控制病虫草害的作用，在设计和应用上既要满足茶叶生产的需要，又要充分发挥其对病虫草害的调控作用。目前可以推广的措施主要如下。

（一）合理种植，避免大面积单一茶栽培

众所周知，大规模的单一茶栽培，无疑会使群落结构及物种单纯化，容易诱发专食性病虫害的猖獗，茶叶生产的实践也说明了这点。凡是周围植被丰富、生态环境较好的茶园，病虫害爆发的概率就较小，在非洲茶场，大面积的薪柴林与茶园相间而植，不仅解决了制茶的能源需要，而且和其他山林草地一起，使茶叶生长环境的生物多样性比较丰富，再加上气候原因，病虫害就很少爆发；凡是大面积单一栽培的茶园，特别是大面积单一品种栽培的茶园，病虫害就容易流行和扩散，爆发成灾，如茶饼病、茶白星病、假眼小绿叶蝉等在大面积茶园中往往发生较重。此外，一些豆科绿肥可以作为线虫的诱集植物，诱导线虫在不适当的时候孵化，孵化后及时沤制或翻埋可致线虫死亡。因此，从有机农业的原理出发，新辟茶园应向生物多样性丰富、生态环境良好的山区发展，避免大面积单一种植，同时要做到多品种合理搭配种植，周围应保持以树林、牧草、绿肥为主的丰富植被。可以采取"大集中、小分散或小集中、大分散"和"山顶戴帽子，山脚穿鞋子，山腰围裙子"等多种模式发展茶园。

（二）选育和推广抗性品种，进行合理搭配种植，增强茶树抗病虫能力

选育和推广抗性品种是防治病虫害的一项根本措施。我国茶园过去主要是丛植群体品种，这些茶树适应当地的气候与环境，基因多样性丰富，具有较好的综合抗性，但生长参差不齐，嫩梢色泽混杂，品质难能整齐划一，不适应现代经济生产的要求。因而，近几十年来，我国茶园大力选育和推广了许多无性系良种。但在选育和推广茶树良种过程中，必须注意其抗性，必须注意不同抗性品种的搭配，必须注意充分利用优异地方品种的抗性基因和优异地方品种本身，尽量避免生物间协同演化对抗性的不利影响。

（三）科学施用有机肥和矿物肥料，增强茶树自身的抗性能力

有机肥可以改良土壤、提高土壤通透性、增加土壤微生物的种类和数量，有利于茶树生长健壮、增强对病虫草害的控制能力，减少土传病害的发病率。秋冬季节，茶树处于休眠状态，茶园可进行翻耕施肥。基肥以农家肥、沤肥、堆肥、饼肥等有机肥为主，适当补充磷、钾肥。每年茶叶生产季节可及时适量追肥。对茶饼病、茶白星病发生严重的茶园，可配合使用腐殖酸、增产菌等进行叶面施肥。

（四）及时采摘，抑制芽叶病虫的发生

芽叶是茶叶采收的对象，营养丰富，病虫发生也严重。要按照采摘标准及时分批多次采摘，并尽量少留叶。蚜虫、小绿叶蝉、茶细蛾、茶附线螨、橙瘿螨、丽纹象甲、茶饼病、茶芽枯病、茶白星病等多种危险性病虫害主要发生在幼芽嫩梢上。采摘可恶化这些病虫害发生和蔓延的营养条件，还可破坏害虫的产卵场所和减少病害的侵染寄主。例如，小绿叶蝉，成虫和若虫均刺吸新梢芽叶的汁液，卵也产在新梢表皮组织内，通过及时采摘，可达到90%以上的防治率。茶尺蠖、茶毛虫等食叶性害虫也喜欢取食幼嫩的叶片，及时采摘也可抑制它们的发生。对病虫芽叶要实行重采、强采，但病叶、虫叶不要与正常芽叶混在一起。如遇春暖早发，要相应提早开园采摘。

（五）适时翻耕，合理除草

土壤既是很多天敌昆虫的活动场所，也是很多害虫越冬越夏的场所，如尺蠖类在土中化蛹、刺蛾类在土中结茧、角胸叶甲在土中产卵，很多病害的叶片掉落在土表。翻耕可使土壤通风透气，促进茶树根系生长和土壤微生物的活动，破坏地下害虫的栖息场所，有利于天敌入土觅食，也可利用夏季的高温或冬季的低温直接杀死暴露在土表的害虫，对土表的病叶或害虫卵可深埋在土下使其腐烂。一般在秋末结合施肥进行翻耕，对丽纹象甲、角胸叶甲幼虫发生较多的茶园，也可在春茶开采前结合除草翻耕一次。茶园恶性杂草必须人工翻挖，彻底清除，至于一般杂草，只要不对茶叶生产产生经济危害，就不必除草务净。

（六）合理修剪，控制枝叶上的病虫

病虫害在茶树上是多方位发生的。蚜虫、小绿叶蝉、茶细蛾、茶饼病、芽枯病、白星病等主要发生在表层的采摘面上，也可发生在中下层的幼芽嫩梢上。而很多蚧类、蛀干虫、苔藓、地衣等主要发生在中下层的枝干上，藻斑病、云纹叶枯病等主要发生在成熟的叶片上。通过不同程度的轻修剪、深修剪、重修剪，

就可以剪去其寄生在枝叶上的病虫。例如，一年一度的轻修剪，对抑制小绿叶蝉、茶细蛾均有好处。蓑蛾类初孵幼虫有明显的发生危害中心，通过轻修剪可剪去群集在叶片背面的虫囊，在蓑蛾大发生后期，需通过重修剪才能剪去枝干上的虫囊。对介壳虫、黑刺粉虱发生严重的衰老茶园，也需进行重修剪甚至台刈，将茶丛中下部枝叶上的病虫彻底清除。

四、保护和利用天敌资源，积极开展生物防治

茶园害虫的天敌资源比较丰富，但由于过去盲目使用化学农药，致使茶园害虫的天敌种类与数量锐减。在茶园生态系统中，茶树、病虫种群和天敌种群是相互依存和制约的，以食物链关系来达到平衡，由于茶园是一个以人类经济目的为主的人工生态系统，这种平衡常常是脆弱的，动态的平衡易于被外来因素所干扰和破坏。在有机茶生产中，天敌是茶园虫害生态控制的直接而强大的自然力量，如何保护和利用天敌资源开展生物防治，一般可从如下几方面进行。

（一）大力宣传生物防治的意义和作用

天敌和害虫同时发生在茶园里，很多茶农对天敌防治害虫的重要性和有效性认识不足，有的任意猎杀茶园鸟类、青蛙、蛇等天敌。因此，开展生物防治，首先要加强宣传，提高对生物防治意义的认识。通过举办培训班、科技咨询、科技服务等形式，利用标本、挂图、实物向群众介绍常见天敌的种类、作用、效果和保护措施，提高茶农自觉保护和利用茶园病虫害天敌的意识。

（二）给天敌创造良好的生态环境

茶园周围种植防护林、行道树，或采用茶林间作、茶果间作、幼龄茶园间种绿肥，夏、冬季在茶树行间铺草，均可给天敌创造良好的栖息、繁殖场所。在进行茶园耕作、修剪、采摘等人为干扰较大的农活时给天敌一个缓冲地带，减少天敌的损伤。在生态环境较简单的茶园，可设置人工鸟巢，招引和保护鸟类进园捕食害虫。在茶园行间设置一些草把或在附近行道树上绑草，让天敌在里面越冬越夏，尤其对保护蜘蛛特别有效。如发现草把里有害虫也可集中消灭。在幼龄茶园种植绿肥和覆盖作物，改善天敌的生存繁衍条件。

（三）结合农业措施保护天敌

茶园修剪、台刈下来的茶树枝叶，先集中堆放在茶园附近，让天敌飞回茶园后再处理，人工采除的害虫卵块、虫苞、护囊等先放在有沿的坛子中，坛沿放水，使害虫跑不掉，寄生蜂、寄生蝇类却可飞回茶园。

（四）人工助迁和释放天敌

天敌与害虫有一种追随现象，害虫发生多的茶园，天敌也较多，但害虫一旦控制下去后，天敌的食料就会受到影响。一方面要预先进行多样性设计，保存一些天敌的替代食源，另一方面要按时进行人工帮助迁移。害虫大发生的地块，也可从别处助迁天敌来取食。人工释放天敌包括常见的捕食性天敌昆虫，如瓢虫、草蛉、猎蝽等以及蜘蛛和寄生蜂等。可先在室内饲养一部分天敌，然后再释放到茶园中去，也可用柞蚕、蓖麻蚕、米蛾卵大量培养寄生蜂，在害虫大发生时释放到茶园，让其自然寄生。靠近居民区的茶园，可饲养鸡、鸭等寻食害虫。

（五）利用微生物治虫

茶园中普遍存在大量的微生物，可用于茶树病虫害防治的主要有白僵菌、虫生真菌、苏云金杆菌、各种专化性病毒等，这些均能在茶园很好地扩散，造成再感染和流行。

1. 真菌治虫

目前，从茶树害虫体上分离到的真菌有数十种，主要有白僵菌、绿僵菌、拟青霉、韦伯虫座孢菌、头孢霉等，对鳞翅目、同翅目、鞘翅目等害虫防治效果较好。真菌主要是通过孢子飘落到昆虫体壁上，孢子发芽后侵入昆虫体壁内大量产生菌丝体，吸收昆虫的营养，破坏昆虫的体壁结构、释放毒素而使昆虫致死。致死昆虫虫体僵硬、长出不同色泽的霉状物。因真菌孢子要在适温高湿条件下才能正常生长发育，因此，在 18℃～28℃ 的温度范围内，雨后或相对湿度较高的天气条件时喷施效果较好。如茶园中喷施每毫升 0.1 亿～0.2 亿个的白僵菌孢子液，防治茶毛虫、茶尺蠖、茶卷叶蛾类效果可达 70% 以上。

2. 细菌治虫

细菌中应用最广的是苏云金杆菌类（Bacillus thuringiensis，简称 Bt），有许多变种，如青虫菌、杀螟杆菌、苏云金杆菌、7216 等。细菌主要通过害虫取食，感染茶蚕、尺蠖、刺蛾、茶毛虫等鳞翅目食叶幼虫。细菌从昆虫口腔进入消化道，再侵入昆虫血液，破坏血淋巴、引起"败血病"。它能感染家蚕，在有机茶园周边有桑园的要禁用。Bt 繁殖速度快，易大量生产、成本低。目前产品较多，但各个产品的菌种不一，对各种害虫的防效差异较大。因此，根据不同的害虫筛选菌种和生产不同产品是十分必要的。使用细菌，对环境条件的要求不太严格，但应避免在阳光强烈的高温天气和低温（低于 18℃）天气条件下使用，喷施时应将害虫取食的部位喷湿。一般喷施 3 天后幼虫开始大量死亡，7～10 天可达到最高的防治效果，但有的产品药效较慢，要到化蛹前害虫才死亡。

3.病毒治虫

目前茶树上发现的害虫病毒有数十种。由于病毒的保存时间长、有效用量低、防治效果高、专一性强、不伤害天敌及具有扩散和传代的作用，对有机茶园生态系统没有任何副作用，成为一项很有前途的生物防治措施。病毒也是经昆虫口腔进入体内，病毒粒子在昆虫体内大量复制繁殖，消耗昆虫体液、散发出病毒素引起昆虫死亡。迄今研究应用较多的有茶尺蠖、油桐尺蠖、茶毛虫、茶刺蛾、扁刺蛾核型多角体病毒（NPV）；茶小卷叶蛾、茶卷叶蛾颗粒体病毒（GV）。这些病毒简便的生产和使用方法是，选择幼虫密度大的茶园，喷射少量病毒液，待田间幼虫大量死亡时收集虫尸，或室内饲养大量幼虫，至中龄期用浸渍有病毒液的叶片喂养 2～3 天，待幼虫开始死亡后每天收集虫尸。收集到的虫尸放在瓶内，标记上虫尸数量后加入少量水，放在冰箱中或室内阴凉处避光保存。待田间幼虫危害时，将此虫尸取出研碎，用纱布过滤，滤液加水稀释成病毒液，按总虫尸数和加水总量，计算出每毫升所含的虫尸数。在田间 1～2 龄幼虫期，每公顷喷施 500～700 头虫尸的病毒量，防治效果可达 90% 以上。此外，目前已有茶尺蠖病毒制剂、茶毛虫病毒制剂、病毒 Bt 混剂等产品的生产，可供有机茶生产基地应用。使用单种病毒制剂的要点是：应该在 4 至 7 月上旬、8 月下旬至 10 月虫口密度较小时使用，即在 1～2 龄幼虫期喷施，使用时需充分摇匀原液后再稀释，使用后要适当延长安全采摘间隔期。病毒是通过幼虫取食后感染的，因此，喷施时必须将害虫取食部位喷湿。幼虫取食病毒后的潜伏期较长，一般 10 多天后才开始死亡，死亡前还会危害茶树，引起减产，因此防治策略是抓住虫口密度较小、发生整齐的第一代防治，每年喷施一次即可控制年内其他各代的发生。

五、物理、机械防治

应用各种物理因素和机械设备来防治病虫害，即为物理、机械防治。包括以不同作用原理为基础的多种措施，如诱集与诱杀、阻隔、分离以及利用温湿度、放射线、高频电流、超声波、激光等。茶园常用的防治措施如下。

（一）灯光诱杀

利用害虫的趋光性，设置诱虫灯，既可作为预测之用，也可用来直接杀灭害虫。一般以频振式杀光灯作为光源，灯挂于高出茶园蓬面 0.5m 左右的地方，利用高频电流杀死害虫。一般开灯时间以晚上 7—12 时为宜，在闷热、无风雨、无明月的夜晚诱虫较多。但灯光诱杀有时也会把天敌诱来，这时需对诱虫灯做些改进，或尽量避开天敌高峰期开灯。一年中开灯的时间应以科学的病虫监测为基础，准确掌握主要害虫成虫羽化的高峰期，在高峰期开灯诱杀，其他时间尽量少开，以防止杀伤天敌。

（二）食物诱杀

利用害虫取食的趋化性，用食物制作饵料可以诱杀到某些害虫。糖醋诱杀液可用糖（45%）、醋（45%）、黄酒（10%）调成，放入锅中微火熬煮成糊状糖醋液，倒入盆钵底部少量，并涂抹在盆钵的壁上，将盆钵放在茶园中，略高出茶蓬，具有趋化性的卷叶蛾、小地老虎等成虫会飞来取食，接触糖醋液后被粘连致死。也可用谷物或代用品炒香后制成饵料诱杀地老虎等幼虫和蝼蛄，或在茶园内堆干草垛或杨树枝也可诱杀一部分害虫。

（三）色板诱杀

利用害虫对不同颜色具有不同的趋色习性诱杀某些害虫。例如，黄板对茶树黑刺粉虱具有较强的诱杀效果。一般每亩放置诱虫色板 15～20 块，色板位置高出茶树蓬面 10cm～15cm。

（四）性信息素诱杀

昆虫性信息素是指昆虫雌虫分泌到体外以引诱雄虫前去交配的微量化学信息物质。昆虫的交配求偶就是通过这种物质的交流，即性信息素的传递来实现的。根据这一原理，利用现代技术，人工合成信息素——性外激素，制成对同种异性个体有特殊吸引力的诱芯，结合诱捕器配套使用。在田间释放，诱集和诱捕雄性昆虫，从而大幅度降低产昆虫卵量和孵化率，达到防治的目的。目前国内外现已成功地合成了茶毛虫、棉铃虫、梨小食心虫、桃小食心虫、二化螟、小菜蛾等农业重要害虫性信息素，并取得了显著的经济、生态效益。

六、合理使用植物源和矿物源农药防治，控制病虫害爆发

有机茶生产中，在必要时可以使用植物源和矿物源农药来预防或控制茶树病虫害爆发。任何农药都有特定的副作用，植物源和矿物源农药也不例外，一方面要有限制地谨慎使用，另一方面要特别注意使用方法，预防性的用药以封园后使用为主，控制病虫害爆发用药要掌握在害虫抗药性较低的生长时期使用，并适当延长安全采摘间隔期，一般要 20～25 天以上。常用植物源农药来源、制法、用法与防治对象见表 5-1。

表 5-1　常用植物源农药来源、制法、用法与防治对象

品种/名称	制法与用法	防治对象
苦楝叶	加 5 倍重量的水，熬制 2h，过滤后喷施	鳞翅目幼虫、小绿叶蝉、茶蚜、介壳虫
鱼藤根	加 5 倍重量的水，浸泡 24h，再熬制 30 min，过滤后喷施	鳞翅目幼虫
除虫菊全株	粉碎后加 160 倍重量的水，过滤后喷施	鳞翅目幼虫
茶籽饼	粉碎后加 20 倍重量的水，浇灌土壤	根结线虫
雷公藤根	粉碎后加 15 倍重量的水，浸泡 24h，过滤后喷施	鳞翅目幼虫
苦蒿全株	加 5 倍重量的水，熬制 1h，过滤后喷施	鳞翅目幼虫
水蓼茎叶	加 5 倍重量的水，熬制 1h，过滤后喷施	鳞翅目幼虫
蓖麻茎叶	加 5 倍重量的水，浸泡 24h，再熬制 30 min，过滤后喷施。干粉用于苗圃，每公顷撒施 90kg	蓟马（水剂），蛴螬（粉剂）
乌桕茎叶	加 5 倍重量的水，熬制 2h，过滤后喷施	蓟马
番石榴叶	加 5 倍重量的水，熬制 30 min，过滤后喷施	小绿叶蝉、蓟马

　　常用矿物源农药主要有石硫合剂、波尔多液、除藓剂和硫酸铜等，石硫合剂和波尔多液主要在封园后使用，除藓剂通常在修剪后使用。

　　石硫合剂由石灰和硫黄配制而成，具有杀虫、杀螨、杀菌等多方面的效果。通常使用浓度为 0.3 ～ 0.5°Bé。配制方法为：石灰 1 份、硫黄 2 份、水 10 份，先将石灰在容器中加少量水溶解，再缓慢加入硫黄粉，搅匀后加足水量，上大火急煮，边煮边拌，并注意补足蒸发的水分，约 1h，当药液由淡黄色转变为深褐色、药渣变为黄绿色时停止加热，用纱布滤去药渣即为石硫合剂原液，测定波美浓度（°Bé）后，进行必要的标记，储存待用。

　　波尔多液由石灰和硫酸铜配制而成，主要用于防治茶树芽叶病害和苔藓地衣。茶园中通常使用的 0.6% ～ 0.7% 的石灰半量式波尔多液的配制方法为：硫酸铜 0.6kg ～ 0.7kg、石灰 0.3kg ～ 0.35kg、水 100kg，准备 3 只容器，先将硫酸铜用少许热水溶解，再在第一只容器中以 50kg 水将其配制成硫酸铜溶液，用余下的水和石灰在第二只容器中配制成石灰水溶液，最后，将配制好的硫酸

铜溶液和石灰水溶液同时倒入第三只容器，边倒边搅拌，即配制成天蓝色的波尔多液原液。波尔多液腐蚀金属，在配制和使用过程中均需注意。

除藓剂的配制是将 3kg 纯苏打粉（含 Na_2CO_3）和 4kg 生石灰（含 CaO）溶于 200L 水中，再缓慢加入熟石灰 [含 Ca（OH）$_2$]，直至溶液呈白色即可。除藓作业要在重修剪或台刈后立即进行。用背负式喷雾器将除藓剂均匀喷雾，直至茶树枝干略显潮湿，稍后用干布将茶树上的苔藓抹除干净即可。除藓剂用量约为 600L/hm^2。

硫酸铜主要起杀菌作用，常用于茶苗出圃时浸渍消毒，较少用于叶面喷施，硫酸铜使用浓度不大于 0.5%。

第二节　有机茶园病害防治

有机茶园不使用化学农药，在茶树病害防治上首先要调查清楚有机茶生产中茶树的主要病害种类、发生危害特点和生态特征，这是有效控制病害爆发流行的前提，也是制定综合防治措施的基础。尽管现在的研究还不尽完善，但仍然研究出了一些初步控制茶园病害的措施。

一、叶部病害及其防治

（一）茶树叶部病害

茶树病害中，芽叶部病害对茶叶影响最大，我国茶园中最严重者为茶饼病和茶白星病，此外，还有茶云纹叶枯病、茶轮斑病、茶炭疽病、茶褐色叶斑病、茶赤叶斑病和茶芽枯病等，其中茶轮斑病、茶炭疽病、茶褐色叶斑病、茶赤叶斑病都是以危害茶树成叶、老叶为主，在叶部形成大型病斑，引起大量落叶，致使树势衰弱，产量下降。幼龄园及母本园发病则可引起枯枝，以致全株死亡。茶芽枯病主要危害幼嫩芽叶，使芽叶枯焦、大量减产。

1. 茶饼病

茶饼病在西南、中南、华南等高山茶区均有发生，危害茶树所有的幼嫩组织，但主要危害茶树新梢、嫩叶，直接造成产量损失，而且病叶制成的干茶味苦、汤色浑暗、叶底花杂、碎片多，水浸出物、茶多酚、氨基酸含量均有所下降，对品质影响较大。

茶饼病危害嫩叶和新梢时，在嫩叶上最初表现为淡黄色、淡红色或紫红色的半透明小点，后逐渐扩大为圆形、表面光滑、有光泽的病斑，呈黄褐色或暗红色。后期病斑正面凹陷，背面隆起，似饼状，其表面生白色至灰白色粉状物，病斑多时常愈合为不规则形大斑，叶面扭曲畸形。之后病部粉末消失，病斑萎缩呈褐色枯斑，有的病斑边缘翘起，形成穿孔，病叶凋落。在新梢、嫩芽、叶柄、花蕾、幼果上危害时，病部肿胀，重时呈瘤状，表面生白色粉状物，新梢、叶柄被害后易从病部折断或枯死（图 5-1）。

图 5-1　茶饼病

茶饼病由茶饼病菌侵染茶树组织导致发病，病菌菌丝体在寄主细胞间扩展，并刺激细胞膨大，形成饼状突起，随后产生的白粉状物即为病菌的繁殖体、担子和担孢子。病害发生是由担孢子萌发侵入茶树组织形成菌丝，进而形成病斑，担孢子不断形成并飞散传播从而造成病害加重。病菌以菌丝体潜伏在活的病组织内越夏越冬，腐烂死亡的病叶不带菌，越夏病菌必须在荫蔽度大的茶株下部叶片上才能存活。它是一种低温高湿型病害，对高温、干燥、强烈光照极为敏感。当气温高于 31℃，病菌死亡；相对湿度小于 80%，对病害发生不利；在紫外光下照射，担孢子 1 小时即死亡。因此该病局限于气温低、湿度大、日照短的高山茶园发生，并易造成流行。发病季节因各地气候条件而异，华东、中南茶区多在春夏 4—6 月、秋季 9—10 月发生，广东、海南茶区从每年 10 月至次年 2 月发生，西南茶区则 2—4 月、7—11 月为发病盛期，管理粗放，杂草丛生，偏施氮肥，采摘、修剪、遮阳不合理的茶园发病严重。茶饼病的发生主要决定于两个因素，即低温高湿的气候条件和大量感病的嫩梢芽叶。在高山茶区气候多变条件下人力无法进行调控，因此早采、嫩采、勤采控制感病芽叶是控制茶饼病的关键。

2. 茶白星病

茶白星病在我国茶区均有分布，尤以局部高山茶园发生较重，该病主要危害幼嫩芽叶、叶柄，新梢也可发生。受害芽叶百芽重减轻，对夹叶增多，病叶制成干茶滋味苦涩，回味异常，汤色浑暗，对茶叶产量、品质影响较大。

茶白星病在受害嫩叶叶片上最初产生红褐色针头状小点，边缘浅红色，半透明晕圈状，后呈淡黄色，病斑逐渐扩大呈圆形小斑，病斑直径 0.5mm ～ 2.5mm，浅褐色，中央稍凹陷，边缘呈紫褐色或褐色，病界明显。病斑成熟后，中央呈灰白色，并产生小黑粒点。叶上病斑数目不一，少则几个，多则数百个，病斑多时常相互愈合形成不规则形斑，并使叶片畸形扭曲，叶质变脆，容易脱落。新梢、叶柄感病后，病斑暗褐色，后变灰白色，造成新梢生长不良或枯梢，叶柄感病造成落叶（图 5-2）。

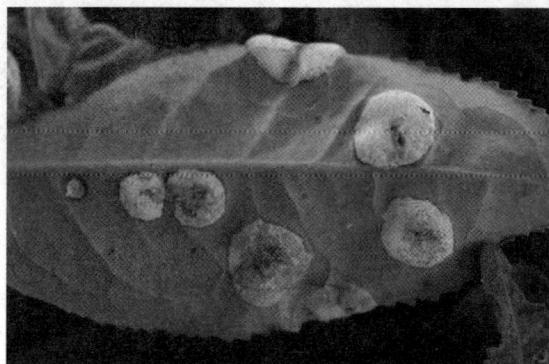

图 5-2　茶白星病

茶白星病由茶白星病菌侵染引起，病斑上产生的小黑粒点为病菌的分生孢子器，其内产生大量的分生孢子，分生孢子无色、单胞、卵圆形，病菌以菌丝体或分生孢子器在病部越冬，次年春产生分生孢子借风雨传播侵染新梢嫩叶，2 ～ 5 天后即出现新病斑，以后环境适宜，又可不断地产生分生孢子进行多次再侵染，从而导致病害流行。它是一种低温高湿型病害，其发生与温湿度、降雨量、海拔高度、茶树品种、茶园自然环境有明显的关系。温度在 10℃ ～ 30℃都有可能发生，以 20℃时最适宜。春季阴雨、初夏雾大的茶园发病尤重，4—6 月月平均降雨为 200mm ～ 250mm 或旬降雨为 70mm ～ 80mm 时，病害严重流行，此期山区茶园若遇 3 ～ 5 天连续阴雨，病害可能暴发流行。不同地区、不同海拔高度茶园的病害发生程度差异显著，如安徽皖南山区多发生在海拔 400m ～ 1000m 茶园内，贵州在海拔 800m ～ 1400m 内发生严重，湖南石门东山峰茶场海拔 900m 以上的茶园中病情急剧加重，1400m 茶园发病最重。茶树品种抗病性以贵州茶科所选育的黔湄 419 号品种、福鼎大白抗病性较强，毛蟹、鸠坑次之，清明早、藤茶发病较重。春茶嫩度高，发病较重，秋茶纤维素含量高，发病较轻。茶树生长旺盛，树势强，芽头壮，发病轻，反之则重。加强茶园管理，利用自然生态因子控制病害的爆发是茶白星病主要的防治办法。

3. 茶云纹叶枯病

茶云纹叶枯病主要影响老叶、成叶或幼嫩枝叶，发病病斑从叶缘、叶尖开始，呈不规则形，边缘褐色，中央灰白色或深褐浅褐相间，有不规则云纹状，后期病部排列有不规则的小黑点（图 5-3）。

图 5-3　茶云纹叶枯病

茶云纹叶枯病菌有性繁殖阶段为 Guignardia camelliae（ Cooke ）Butler，无性繁殖阶段为 Guignardia camelliae masses。被害叶片组织上的小黑粒点为病菌的有性繁殖体子囊果或无性繁殖体分生孢子盘。由于病菌无性繁殖阶段很发达，在生长季节中病叶表面的小黑点均为其分生孢子盘，分生孢子盘生于寄主表皮下，内生刚毛，成熟后突破表皮外露，盘内生分生孢子梗，单胞无色，顶端着生分生孢子。分生孢子长椭圆形、无色、单胞、内含油球。病菌主要以菌丝体和分生孢子盘或子囊果在病叶或病残体上越冬，病叶落在土壤表面，腐烂慢的较易产生子囊孢子，若病叶埋于 5cm 深的土壤中，病菌随病叶腐烂而死亡。病菌越冬后，产生分生孢子或子囊孢子借风雨传播到新叶上，侵入寄主组织后引起发病。如遇雨湿条件，病斑上又可产生大量的分生孢子，不断进行多次再侵染，使病害扩展蔓延，一年中以春秋两季为发病高峰。该病为高温高湿型病害，气温在 25℃～ 29℃，相对湿度大于 80%，有利于发病。此外，土层浅、土质黏重、地下水位高、虫害发生重、易遭日灼的茶园发病较重。

4. 茶轮斑病

茶轮斑病主要危害老叶、成叶和嫩叶，病斑圆形或不规则形，边缘褐色，中央灰白色，有明显的轮纹状，病部生有浓黑、扁平、排列成圈状的小黑点（图5-4）。

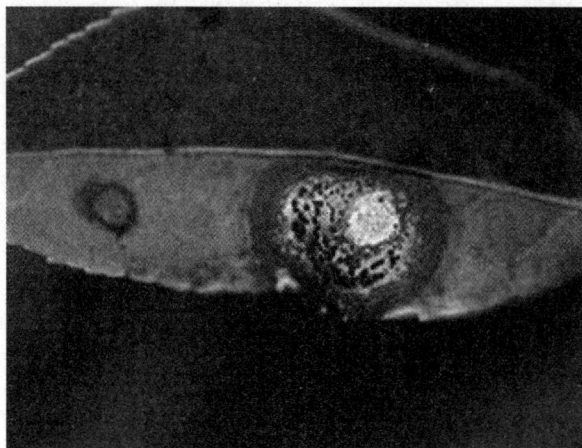

图 5-4 茶轮斑病

茶轮斑病由 Pestalotia these Sawada 真菌侵染而引起。病部煤污状小黑点即为病菌分生孢子盘，生于寄主表皮下，成熟后突破表皮外露，其内生很多分生孢子。分生孢子纺锤形，有4个隔膜，5个细胞，中间3个细胞黄褐色，两端细胞无色，很小。顶端生2～5根附属丝，无色、透明。

病菌以菌丝体或分生孢子盘在病组织中越冬，环境适宜时产生分生孢子，借风雨传播，侵入寄主组织的伤口处（如采摘、修剪、机采、害虫危害等），形成病斑后，继续产生大量分生孢子进行再侵染。该病是高温高湿型病害，一般以夏、秋两季发生较重。在排水不良、管理粗放、生长衰弱以及密植茶园或扦插苗圃中发病较重。

5. 茶炭疽病

茶炭疽病主要危害成叶，病斑呈不规则形，黄褐色或焦黄色，病部颜色一致，病界明显，有黄褐色隆起线，后期病斑常呈灰白色，并有细小的黑粒点（图5-5）。

图 5-5　茶炭疽病

　　茶炭疽病是由 colletotrichum these-sinensis 病原真菌侵染引起。病叶上小黑点为分生孢子盘，其内无刚毛，排列着长短不齐的丝状分生孢子梗，顶端着生分生孢子。分生孢子无色、单胞、纺锤形，两端稍尖，内含 1 ~ 2 个油球。

　　病菌以菌丝体或分生孢子盘在病叶上越冬。次春产生分生孢子弹射出来，随雨水飞溅，附着在叶背茸毛上，在适温高湿条件下，萌发侵染叶组织，最后形成病斑，以后病部不断扩大产生繁殖体，并进行多次再侵染。该病为适温高湿型病害，凡日照短，早晨露水不易干的山区茶园，或阴雨多的茶区，茶树叶片持嫩性强的品种，均有利于病菌侵入发病。茶炭疽病的发生与新侵染源的多少，品种抗病性以及园地培管条件有直接的关系。越冬病叶多，或不采秋茶的茶园，初侵染源多，发病重。叶片角质层薄、叶质柔软、栅栏组织细胞排列稀疏、层次少、叶色黄绿、叶片着生角度大的品种抗病性较差。茶园培管中管理粗放、园地阴湿、氮肥施用多、树势差的茶园发病重。

　　6. 茶褐色叶斑病

　　茶褐色叶斑病主要危害成叶、老叶，病斑多发生在叶缘，为半圆形或不规则形，黑褐色，病界无明显边缘，湿度大时病部表面产生灰白色霉层（图5-6）。

图 5-6　茶褐色叶斑病

茶褐色叶斑病菌为半知菌亚门真菌，病斑表面的小黑点为病菌的子座组织，灰色霉层为病菌的分生孢子梗和分生孢子。分生孢子梗浅褐色，单根，丛生于子座上。分生孢子鞭状，无色或浅灰色，有 4～10 个分隔。

病菌以菌丝体或子座组织在病叶和残体上越冬，次春在温湿度适宜条件下产生分生孢子，借风雨传播侵害茶树叶片，以后可不断进行多次再侵染。此病为低温高湿型病害，以早春和晚秋多雨季节、气温在 15℃左右时发生较重。夏冬两季发病受抑。此外，茶树生长势差、肥水不足、树龄过大、采摘过度、园地潮湿、管理粗放的茶园较易发生茶褐色叶斑病病。

7. 茶芽枯病

茶芽枯病主要危害嫩芽、嫩叶，病斑不规则，褐色至黑褐色，无明显边缘，病叶扭曲，呈枯焦状，后期病斑叶两面散生许多小黑点（图 5-7）。

图 5-7　茶芽枯病

茶芽枯病由 Phyllosticta sp. 真菌浸染而发。病菌主要以菌丝体和分生孢子器在茶树病体组织中越冬，由孢子器传播蔓延，春季为发病高峰，主要危害幼嫩芽叶。该病在低温高湿的春雨绵绵时节容易爆发流行。

（二）茶树叶部病害的主要防治措施

（1）防治芽叶部病害，应以防为主，着重培育生长健壮的茶树，提高树体本身的抗病力，减轻病害的发生，然后才是治。

（2）注重茶园的生态多样性，注重在多品种搭配中使用具有抗性的当地茶树品种。

（3）加强茶园管理措施，培育健壮树势，增强茶树抗性；增施有机肥，合理进行茶园耕锄，清除杂草，雨季结合开沟排水降低湿度，干旱季节进行茶园铺草以利抗旱保墒；根据病情对老龄树、病重茶园进行修剪、台刈等更新措施，对幼龄园、台刈后改造的茶园应加强抗旱，采取遮阳措施，增强茶园土壤保水性。

（4）消灭越冬菌源，在生产季节摘除感病芽叶带出园外妥善处理（如进行深埋等），在秋冬季节或茶树休眠期，再集中清除树丛下的病叶。

（5）及时采摘符合标准的芽叶，减少病菌的侵染是控制病害最有效的农艺方法。

（6）加强茶园害虫控制，合理采摘，防止强采、捋采，减少各类伤口的产生。

（7）根据病情需要，可以谨慎使用植物源类抗菌剂，也可在秋冬季节结合害虫防治使用矿物源农药石硫合剂；针对不同病害的植物源类抗菌剂和石硫合剂的合理用量、浓度、施用时期、施用技术、采摘的安全间隔期以及对害虫天敌等茶园生态因子的影响都必须预先进行科学可靠的评估。

二、茎部病害及其防治

（一）茶树茎部病害

茶树茎部病害主要有茶梢黑点病、茶黑腐病、茶红锈藻病及苔藓地衣类等。

1. 茶梢黑点病

茶梢黑点病主要危害当年生半木质化新梢，先期出现不规则的灰色斑块，后期在枝梢表面形成椭圆形、略突起、有些许光泽的子囊盘小黑点，致使病梢上的芽叶稀疏细弱、生长缓慢。它以菌丝体和子囊盘在染病茶树组织中越冬，由子囊孢子传播蔓延，中温（20℃～25℃）、高湿（>80% 的相对湿度）易于发病，在江南和华东茶区危害较重。

2. 茶黑腐病

茶黑腐病包括菌核黑腐病和菌索黑腐病两种。茶黑腐病从茎部发病，向叶部迁延，在华南茶区可对产量造成较大影响。菌核黑腐病发病后，叶上产生不规则的病斑，病斑边缘呈波浪形，常伴生灰白色圆形小斑点。病斑在湿度大时变黑变黏，病死枝有粉红色或乳白色菌丝小垫或菌膜黏附，雨季在病叶背面产生籽实体形成的白粉状病斑，冬季在茎部缝隙中形成菌核越冬，由担孢子或菌丝体传播蔓延。高温高湿易于发病。菌索黑腐病发病后，叶上形成的不规则病斑可达大半叶，早期病部表面红褐色，后发展成为褐色或灰白色，叶片背面常覆被乳白色至黄褐色网状菌丝体，在茎部常可见 3mm 左右宽度的厚菌索，病叶脱落时，由菌索悬挂在茎上，在外表健康的绿色成叶下常出现籽实体形成的白粉状病斑。它以菌索在感病茎部越冬，主要由菌丝体传播蔓延，适生条件与菌核黑腐病相同。

3. 茶红锈藻病

茶红锈藻病危害茎叶，在全国各茶区都有发生，削弱树势、干枯枝梢、减少产量、降低品质，甚至全株死亡。茶红锈藻病发病时茎上病斑呈圆形或椭圆形，紫黑色表面有纵长裂缝；病茎部以上的叶片出现直径 5mm ～ 6mm 的黄色病斑，病斑微微隆起，边缘紫色，或有透明绿色组织环绕；4—7 月份在茎叶上形成铁锈状子实体，后期病部中央变成灰白色或褐色。它经由游走孢子传播，多雨高湿易于蔓延。

4. 苔藓地衣类

苔藓地衣均属低等植物，黄绿色青苔状的是苔，丝状的是藓，灰色叶状的是地衣，常可见附生于老茶树，进一步加速茶树衰老，在温暖潮湿季节发生蔓延。

（二）茶树茎部病害的主要防治措施

健壮茶树不易发生茎部病害，防治茶树茎部病害，以培育健壮的树势为主，主要技术措施如下：

（1）注重选用抗性品种。

（2）加强茶园管理，增强茶树树势。

（3）清除真菌感染发病的枝叶，带出园外妥善处理。

（4）秋季封园后喷施一次 0.3 ～ 0.5° Bé 的石硫合剂。

（5）苔藓地衣发生严重的茶园视情况进行重修剪或台刈，之后可使用除藓剂进行彻底清除。

三、根部病害及其防治

（一）茶树根部病害

茶树根部病害主要有茶苗白绢病、茶苗根结线虫病和根腐病。

1. 茶苗白绢病

茶苗白绢病主要危害茶苗，在全国各茶区都有发生，严重者茶苗成片死亡。一般在近地表的茶树根部发病，发病部位始呈褐色，继生白色棉毛状菌丝和菌膜层，后期可见由白转黑的油菜籽状菌核，以菌核在土壤和发病组织中越冬，由菌丝体传播蔓延，高温高湿易于发病，干旱季节易于发现。

2. 茶苗根结线虫病

茶苗根结线虫病主要危害4年生以下的幼年茶树和茶苗，在全国各茶区都有发生，根结线虫发生代数多，每20～30天完成一代，在局部地区已成为危害苗圃和新茶园的一个严重问题。主要病原有南方根结线虫、爪哇根结线虫和花生根结线虫三种。病株叶片发黄脱落，生长不良，根色变深，根系畸形，无须根，有大小不等的瘤状虫瘿。成虫与卵在虫瘿中可以越冬，幼虫在土壤中也可以越冬，幼虫可离开虫瘿进入茶树根系组织传染蔓延。沙质土壤易于发病。

3. 根腐病

根腐病主要危害成年茶树，它包括许多种，其中以茶红根腐病最严重，还有茶紫羽纹病，它们在全国各茶区都有分布。茶红根腐病病株突然死亡，而萎凋叶片仍然附在树枝上，洗涤病根泥沙后，可见红色至黑色分枝状的革质菌膜，切开病根可见皮层与木质部间的白色菌膜，木质部上无条纹。茶红根腐病主要由茶园开垦时未清理干净的树木残桩所带病菌传染，由菌丝体传播蔓延，红色黏土中较易发生。茶紫羽纹病病株从细根开始出现黑褐色或黄褐色腐烂，然后蔓延到粗根，病根后期呈紫褐色，并布满同色丝状物，之后可见颗粒状菌核。它以菌核或菌丝体在土壤或染病组织中越冬，以菌丝传播蔓延，在排水不良的黏重土壤中发病较重。

（二）茶树根部病害的主要防治措施

（1）选择无病土壤建立茶园。

（2）以各种适宜方式增强茶树生长力，提高抗性。

（3）茶园开垦时将树木残桩清理干净。

（4）在茶园新开垦前翻耕暴晒茶园土壤，在夏季烈日下用薄膜覆盖土壤，高温杀死线虫等病原体。

（5）种植根结线虫诱集绿肥或其他诱集植物，适时收获，妥善处理。

（6）尽早发现病株，及时挖除病株及可能感染的相邻茶树，并妥善处理土壤。

第三节　有机茶园虫害防治

茶园害虫种类多，在全国各地的发生差异大，危害方式也多种多样。按取食方式和危害部位可将其分为四大类：食叶害虫、吸汁害虫、钻蛀害虫和地下害虫。食叶害虫大都具有咀嚼式口器，通过嚼食茶树叶片，直接造成减产和影响树势，其中以尺蠖类、毒蛾类、刺蛾类、蓑蛾类、卷叶蛾类、象甲类等危害较重。吸汁害虫大都具有刺吸式口器，以口针刺入茶树叶片或嫩枝表皮组织，吸收茶树汁液，造成芽叶萎缩、生长停滞，或树势衰弱，甚至枝叶枯死，其中以叶蝉类、蚧类、粉虱类、蓟马类、螨类等危害较重。钻蛀害虫以幼虫钻蛀茶树枝干，引起枝干空心，造成枯枝死树，如茶枝镰蛾、茶堆砂蛀蛾（茶木蛾）和茶天牛等。地下害虫主要指发生在地下、咬食茶树根系的害虫，如小地老虎、蛴螬等。钻蛀害虫和地下害虫一般发生相对较轻，钻蛀害虫以早发现、早修剪清除害虫为主，地下害虫以早发现、早捕捉和毒饵诱杀为主。食叶害虫和吸汁害虫对茶树影响较大，下面简述其中几种主要害虫的防治方法。

一、茶尺蠖

（一）生活习性及特征

茶尺蠖，又名量尺虫、拱背虫等，属鳞翅目尺蠖蛾科。主要分布于我国安徽、浙江、江苏、湖南、湖北、江西等省。以幼虫取食茶树叶片，喜食新梢嫩叶，严重时可造成枝叶光秃、状如火烧。

茶尺蠖为完全变态昆虫，完成一个世代需要经过成虫、卵、幼虫和蛹四个阶段。成虫体长 9mm～12mm，翅展 20mm～30mm。体翅灰白色，翅面散生灰褐色鳞片，显现 3～4 条灰褐色波纹。卵呈短椭圆形，灰绿或蓝绿色，聚产成堆，上覆少量白色絮状物。幼虫约 4～5 龄，初孵幼虫黑褐色至黄褐色，各腹节上有许多小白点组成白色环纹和白色纵线；2 龄幼虫体黑褐色至褐色，体长 4mm～7mm，腹节上白点消失，后期在第一、第二腹节背面出现 2 个明显的黑色斑点；3龄幼虫茶褐色，体长7mm～12mm，第二腹节背面出现1个"八"字形黑纹，第八腹节上有1个倒"八"字形黑纹；4～5龄幼虫体色呈深褐色至灰褐色，体长12mm～32mm，自腹部第2节起背面出现黑色斑纹及双重菱形纹。蛹呈长椭圆形，长10mm～14mm，赭褐色，臀刺近三角形，末端有分叉短刺（图5-8）。

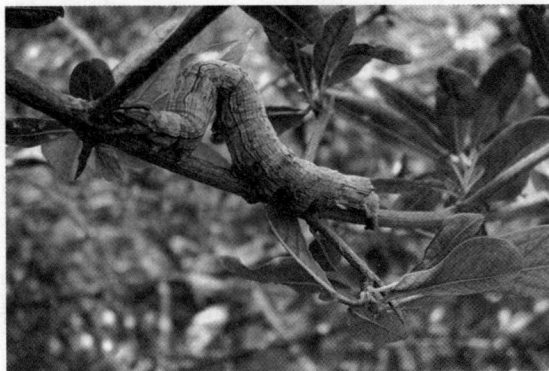

图5-8　茶尺蠖

茶尺蠖一年发生5～7代，以蛹在茶树根际表土内越冬。翌年3月成虫羽化，第1代、第2代、第3代幼虫发生期分别在4月上中旬，5月下旬至6月上旬、6月中旬至7月上旬，以后约每隔1个月发生1代，9月下旬后幼虫陆续入土化蛹越冬。成虫趋光性强，停息时翅平展，卵成堆产于茶树枝丫、叶片间或枯枝落叶、土表缝隙间。1～2龄幼虫多分布在茶树表层叶缘与叶面，取食表皮和叶肉，形成发虫中心，3龄后开始分散，分布部位也逐渐向下转移，并常躲于茶丛荫蔽处，4龄后开始暴食，虫口密度大时可将嫩叶、老叶甚至嫩茎全部食尽。影响茶尺蠖种群消长的主导因子是天敌，主要有寄生蜂、蜘蛛、真菌、病毒及鸟类等，其中以绒茧蜂、蜘蛛和真菌尤为重要。

（二）主要防治措施

（1）在茶尺蠖越冬期间，结合秋冬季深耕施基肥，清除越冬蛹，降低越冬基数；若结合培土，在茶丛根际培土10cm，并加以镇压，效果更好。

（2）养殖鸡、鸭除虫，利用鸡、鸭均喜食茶尺蠖幼虫和蛹的习性，在翻耕后放鸡、鸭啄食土中的蛹，效果更好。

（3）茶尺蠖成虫具有较强的趋光性和趋化性，可在成虫高发期通过灯光诱杀和糖醋诱杀成虫。

（4）茶尺蠖自然天敌较多，要充分利用蜘蛛、步行虫等捕食性天敌，对人工刮除的卵堆和捕杀的幼虫要在寄生蜂羽化飞回茶园再做处理。

（5）生物药剂防治。在茶尺蠖 1～2 龄幼虫期，喷施茶尺蠖核型多角体病毒 Bt 悬浮剂 1000 倍液或苏云金杆菌悬浮剂 500～800 倍液。

（6）用适宜的植物源农药进行防治。

二、茶毛虫

（一）生活习性及特征

茶毛虫，又名茶黄毒蛾、摆头虫，属鳞翅目毒蛾科。分布很广，尤以一些老茶区危害严重。以幼虫咬食茶树老成叶，发生严重时，连同芽叶、嫩梢、树皮取食殆尽，茶园一片光秃，对产量、树势影响极大。茶毛虫都具毒毛、鳞片，尤其是幼虫毒毛很多，触及人体皮肤红肿痛痒，严重影响茶园采摘、管理、加工。

茶毛虫为完全变态昆虫，完成一个世代需要经过成虫、卵、幼虫和蛹四个阶段。成虫体长 6mm～13mm，展翅 20mm～35mm。雌蛾翅淡黄褐色，雄蛾翅黑褐色，雌、雄蛾前翅中央均有 2 条浅色条纹，翅尖有 2 个黑点。卵呈扁球形，淡黄色，堆集成椭圆形卵块，上被覆黄色绒毛。幼虫 6～7 龄，黄褐色，各龄幼虫体色、毛瘤变化很大。老熟幼虫体长 20mm～22mm，胸部三节稍细，腹部各体节均有 4 对黑色毛瘤，以背上一对毛瘤较大，毒毛多，长短不一。蛹圆锥形，外有茧，茧薄而软，丝质，长椭圆形，黄棕色（图 5-9）。

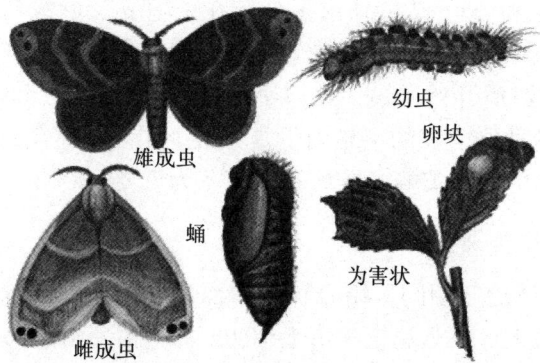

图 5-9　茶毛虫

茶毛虫一年发生 2～3 代，各代发生整齐，以卵块黏附于茶树中下部叶背越冬。在江南茶区，各代幼虫分别于 3 月中下旬至 4 月上中旬、6 月中下旬至

7月上中旬、8月中下旬至9月上中旬发生，分别危害春、夏、秋茶。幼虫群集性强，一个卵块孵化的幼虫常群聚在一块取食，3龄后即分群，但每群仍有几十条。分群后取食茶丛中上部嫩叶或成叶。一受惊扰即停止取食，抬头摆动。茶毛虫常表现为间歇性大发生或局部成灾，影响其种群消长的天敌主要有黑卵蜂、核型多角体病毒、步甲、胡蜂等。

（二）主要防治措施

（1）在每代成虫产卵后至幼虫孵化前逐园清除卵块，尤其是在11月至翌年3月前摘除越冬卵块，效果更好。

（2）利用茶毛虫3龄前幼虫群集性强的特点，在中下部老叶背面取食成淡黄色半透膜，目标明显，可在晴天早晚或阴天、细雨天，当幼虫群聚取食时，人工采除幼龄群聚危害的虫叶，就地踩死，或用洗衣粉（最好是无磷洗衣粉）或肥皂100～200倍液触杀虫群。

（3）利用幼虫在茶树基部结茧化蛹的习性，每代化蛹期，用锄头将茶树基部培土，并用锄头压紧，阻止成虫羽化。

（4）抓住1～2代成虫出现前期（6月和8月上旬）短期点灯诱杀。

（5）茶毛虫成虫性引诱很强，可将刚羽化未交配的雌蛾装在小铁丝笼内，每天傍晚放到茶园，第二天早晨可诱集很多雄蛾，集中消灭，降低交配率；也可利用茶毛虫性外激素与诱捕器配套使用诱杀雄蛾，其田间使用量为每公顷30个诱芯，全年连续使用2～3次即可。

（6）生物药剂防治。在茶毛虫低龄幼虫期，喷施每毫升1亿多角体的茶毛虫核型多角体病毒；或收集染病虫尸，稀释1000倍，喷施到健康虫群上，扩大感染。

（7）用适宜的植物源农药进行防治。

三、茶黑毒蛾

（一）生活习性及特征

茶黑毒蛾，又名茶茸毒蛾，属鳞翅目毒蛾科。国内已知分布于华东、中南、西南各茶区，近年来在安徽、浙江、湖南等省局部茶区暴发成灾。幼虫咬食茶树芽叶，对产量、树势影响大，虫体具毒毛，影响茶园管理。

茶黑毒蛾为完全变态昆虫，完成一个世代需要经过成虫、卵、幼虫和蛹四个阶段。成虫体长13mm～18mm，翅展28mm～38mm。体翅暗褐色，前翅中部有一银灰色波纹，其外侧显 2 个圆形斑纹，顶角内侧常有 3～4 个颜色深浅不一的纵斑。翅的中部近前缘有一个灰白色斑纹。卵灰白色，扁球形，单层排列成块。幼虫 5～6 龄，黑褐色，老熟幼虫体长 23mm～28mm，具长短不一的毒毛，背中及体侧有红色纵线，第 1～4 腹节体背有一对黄褐色毛丛，直立成刷状，第八腹节有一对长毛丛射向后方。

茶黑毒蛾一年发生 4 代，以卵块在茶丛中下部老叶背面越冬。各代幼虫分别于 3 月中下旬至 4 月上旬、5 月下旬至 6 月上中旬、7 月和 8 月的中下旬孵化。

全年以第二代发生量大、危害严重。幼虫嘴食茶树叶片，初孵幼虫群集性强，在卵块附近叶背取食叶片呈枯黄色半透膜。2 龄后分群迁至嫩叶背面，将叶片食成缺刻。发生多时，几日之内，将茶树芽、叶食光。受惊即吐丝下垂和坠地假死。卵多 6～30 余粒成块黏附于茶丛中下部叶背。在同地域中，以树蓬高大（1.5m 以上）和杂草多较荫蔽的茶园发生多，一生中有多种天敌寄生或捕食。

（二）主要防治措施

（1）冬季逐园清除茶丛中下部枝叶上的卵块。

（2）及时进行修剪，清除茶丛下纤弱枝和杂草，减少黑毒蛾的产卵场所。

（3）利用幼虫假死性，在被害茶丛下布置塑料膜，用木棒震落幼虫，集中消灭。

（4）充分利用寄生蜂来控制卵孵化。

（5）生物药剂防治。在第一代幼虫孵化危害初期喷施苏云金杆菌悬浮剂 500 倍液或收集染病虫尸，稀释 1000 倍，喷施到健康虫群上，扩大感染。

（6）用适宜的植物源农药进行防治。

四、茶丽纹象甲

（一）生活习性及特征

茶丽纹象甲，又名茶叶象甲、墨绿象甲，属鞘翅目象甲科。各主要产茶区均有发生，尤以江南茶区发生较重。还可危害油茶、柑橘、梨、桃等多种作物。成虫咬食新梢嫩叶，影响产量和质量。

茶丽纹象甲为完全变态昆虫，完成一个世代需要经过成虫、卵、幼虫和蛹四个阶段。成虫体长 5mm～7mm。体翅灰褐色至灰黑色，背面有由黄白或黄绿鳞片组成的斑点或条纹。触角膝形，端部膨大。虫体坚硬，鞘翅紧贴于体上，不善飞翔，有假死性。卵椭圆形，淡黄白色至暗灰色，幼虫呈乳白色至黄白色，体多横皱，无足，成虫幼虫体长 5mm～6mm，蛹长椭圆形，淡黄色至灰褐色，头顶及各节体背有刺突 6～8 个，胸部刺突明显，体长约 6mm（图 5-10）。

图 5-10　茶丽纹象甲

　　茶丽纹象甲一年发生一代，以幼虫在茶丛树冠下表土内越冬。次年 3 月中下旬至 4 月上中旬化蛹，5 月中下旬成虫羽化出土，5 月下旬至 6 月上中旬成虫盛发。以成虫危害茶树嫩叶为主，被食嫩叶残缺不全，成叶常被食成大小不一的半环状缺口，对夏茶产量和品质影响很大。成虫善爬行，飞翔力弱。晴天露水干后，开始活动，怕阳光，中午前后多潜伏叶背及茶丛荫蔽处。一生交配多次，交配后 1～2 天产卵。卵散产于表土中和落叶下，也有数粒产在一起的。幼虫孵化后，即潜入土内取食植株（含杂草的细根），其入土程度随虫龄增长而加深，直至化蛹前再逐渐向上，筑一土室，化蛹其中。幼虫在茶土中分布多在根际周围 33cm 范围内。成虫耐饥力强，初羽化的成虫，需在土中静伏 2～3 天才出土取食，受惊即落地假死。影响茶丽纹象甲种群数量的主导因子是茶园耕锄和天敌，如 7 至 8 月的耕锄，9 至 10 月的浅耕和秋末开沟施基肥，对幼虫孵化、入土取食的存活影响大。在卵期有多种蜘蛛捕食，蛹及成虫常被一种真菌寄生而死亡。

（二）主要防治措施

　　（1）结合秋末冬初施基肥，将茶丛树冠下表土落叶扒出，深埋于施肥沟底或结合防冻将树冠下培土 6cm～10cm 并压实，阻碍幼虫化蛹或成虫羽化出土。

　　（2）利用成虫假死习性，在被害茶丛下垫塑料膜，震落成虫集中捕杀。

　　（3）充分利用茶园的蜘蛛、步行虫、黄蜂等捕食性天敌。

（4）生物药剂防治。在成虫出土前，利用白僵菌 500 倍液拌毒饵诱杀或在成虫孵化高峰期叶面喷施白僵菌 1000 倍液防治。

五、假眼小绿叶蝉

（一）生活习性及特征

假眼小绿叶蝉，又名叶跳虫、浮尘子，属同翅目叶蝉科，是我国各茶区普遍发生的优势种。成虫和若虫均刺吸茶树嫩梢芽叶汁液，致使芽、叶生长缓慢，嫩叶泛黄，叶缘下垂，叶质粗老，最后叶尖、叶缘枯焦，停止生长，茶芽脱落，严重影响夏、秋茶叶的品质。卵产在嫩梢表皮组织内，导致输导组织受阻而影响产量。受害芽叶制成干茶，滋味异常、汤色浑暗、叶底破碎。

假眼小绿叶蝉为不完全变态昆虫，完成一个世代要经过成虫、卵、若虫三个阶段。成虫体长 3cm～4mm，淡绿至淡黄绿色。头前缘有一对淡黄绿色假单眼。翅膀淡黄绿色，翅端微透明。卵香蕉形，初为乳白色，孵化前可见一对红色眼点。若虫共 5 龄，由乳白、淡黄至黄绿色，形似成虫，但翅膀未长成，不能飞（图 5-11）。

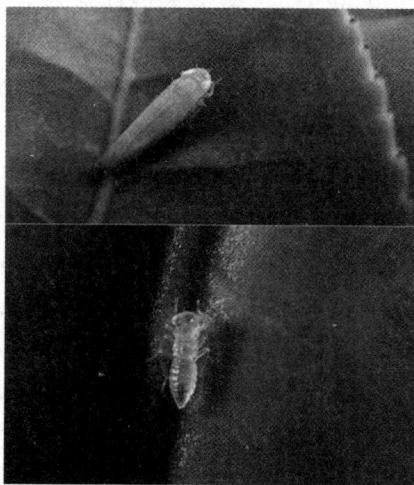

图 5-11　假眼小绿叶蝉

假眼小绿叶蝉一年发生 9～12 代，世代重叠，以成虫在茶园内的杂草和茶丛内越冬。次年 3 月下旬开始活动，4 月上旬，第一代若虫开始发生。在江南茶区的平原、丘陵茶园有两个危害高峰，即 5 月上旬至 6 月中下旬，9 月至

10月中下旬。高山茶区多只有一个危害高峰，即 7 月上中旬至 8 月上中旬。一生经过卵、若虫至成虫三个虫态，成虫怕阳光，多栖息于叶背，早晚取食。晴天晨露未干时不活动，中午阳光大多在茶丛下部避阳，趋嫩性强，以芽下二叶至三叶嫩茎内产卵最多，其次为芽下一叶至二叶嫩茎间。一生遭茶园蜘蛛、瓢虫的捕食，对其种群数量消长影响大，其次是茶园采摘和修剪。

（二）主要防治措施

（1）冬季结合清园，清除茶园树丛下的纤弱枝、土蕻枝和茶园杂草，减少成虫越冬场所。

（2）及时分批采摘，既减少小绿叶蝉赖以生存的取食繁殖场所，又采去已产于嫩梢内的卵和孵化的初龄幼虫。

（3）保护多种茶园蜘蛛和其他捕食性、寄生性的天敌十分有益，可大量增加天敌种类和种群数量，控制叶蝉的爆发。

（4）人工助迁茶园蜘蛛卵囊和瓢虫等天敌。

（5）在小绿叶蝉发生高峰期，利用色板诱杀小绿叶蝉成虫。

（6）生物药剂防治。在高峰前期或若虫数量增多时，喷洒小绿叶蝉真菌可湿性粉剂 500 倍液。

（7）用苦楝叶和番石榴叶制剂等植物源农药防治。

六、黑刺粉虱

（一）生活习性及特征

黑刺粉虱，属同翅目粉虱科，分布于华东、中南、西南各省。以若虫固定在叶片背面刺吸汁液危害，并排泄"蜜露"引起烟煤病，阻碍光合作用，严重时，茶丛叶片全部漆黑，茶芽瘦小或不发，影响产量或品质。虫病交加，造成树势衰弱，甚至落叶或枝叶枯竭。黑刺粉虱还危害油茶、柑橘等作物。

黑刺粉虱为完全变态昆虫，一生经过卵、若虫、蛹至成虫四个虫态。成虫体长 1cm～3cm。体橙红色，翅紫褐色，复眼红色，前翅周缘有 7 个白斑。卵香蕉形，有一短柄黏附于叶背，乳白色至黄褐色。若虫共 3 龄，初孵幼虫长椭圆形，淡黄色，固定后转黑色，体背显两条白色蜡线，呈"8"字形，后期体背有刺 6 对，成长若虫体黑色，体背有刺状物 14 对，四周有白色蜡圈，体长 0.7mm。蛹体椭圆形，壳黑色显光泽，背面竖立 19 对黑刺，周缘有 10 对（雄）或 11 对（雌）黑刺（图 5-12）。

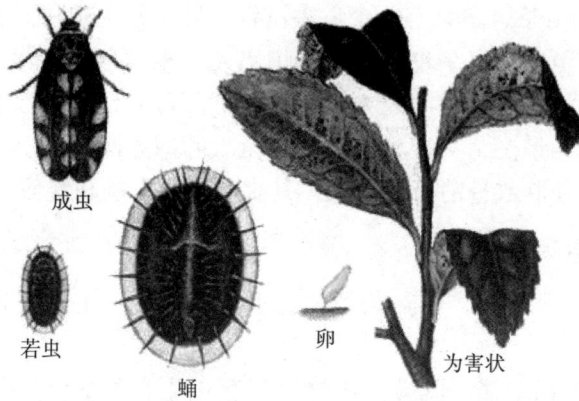

成虫　若虫　蛹　卵　为害状

图 5-12　黑刺粉虱

黑刺粉虱一年发生四代，以老熟若虫或蛹固定于茶树叶背越冬。在湖南各代成虫分别于 4 月中下旬至 5 月上旬、6 月中下旬、8 月上中旬、9 月中下旬盛发；若虫分别在 4 月下旬至 5 月中下旬、7 月上中旬、8 月中下旬、9 月下旬至10 月中旬盛发。成虫白天羽化，喜栖息于茶梢嫩叶背，晴天以上午 8 至 9 时及下午黄昏前活动最盛。卵常 10 多粒至数十粒产于茶树中下部叶背。以茶树荫蔽、通风透光差、较阴湿的茶园受害较重。黑刺粉虱的天敌很多，捕食性的天敌主要是草蛉、瓢虫及茶园蜘蛛，寄生性的天敌主要有刺粉虱黑蜂、黄盾恩蚜小蜂和长角广腹细蜂等，寄生菌主要有韦伯虫座孢菌。

（二）主要防治措施

（1）及时清除茶园杂草和茶丛内的纤弱枝，使茶园通风透光，改变害虫的生存环境，抑制虫害大发生。

（2）对发生严重、树势衰老的茶园进行重修剪或台刈，剪除的枝叶在寄生蜂羽化飞回茶园后再行烧毁。

（3）保护茶园中的自然天敌，助迁寄生菌虫叶和蜘蛛、草蛉、瓢虫（红点唇瓢虫）卵叶到发生地块中繁殖。

（4）生物药剂防治。在若虫盛发期喷施韦伯虫座孢菌每毫升 2 亿～ 3 个亿孢子。

（5）对黑刺粉虱发生严重的茶园可在秋季封园后喷施一次 0.3 ～ 0.5° Bé 的石硫合剂，消灭大部分越冬虫源，减少越冬以后的病虫基数。

七、蚧类（介壳虫）

（一）生活习性及特征

蚧类属同翅目蚧总科，种类较多，在茶树上主要有红蜡蚧、角蜡蚧、椰圆蚧、长白蚧等，习性基本相同，均以若虫和雌成虫固定在茶树枝干或叶片背面刺吸汁液危害，造成树势衰弱、芽叶稀小，叶片脱落。有些种类容易造成枯枝死树，有些种类容易诱发严重的烟霉病。

介壳虫雌雄成虫差别很大，雄成虫有一对透明的翅，可以飞，但寿命短，田间不易发现；雌成虫体背均覆盖有蜡质，可根据蜡质的质地、色泽、形状来识别，如红蜡蚧蜡壳呈半球形，紫红色，蜡壳中央凹陷成脐状，两侧有4条弯曲的白色蜡带，雌虫体紧贴在蜡壳下，不易分离，虫体紫红色。卵产在蜡壳下，椭圆形，淡紫红色。初孵若虫有足、有触角，可以爬行，但固定后即分泌蜡质覆盖虫体。雄若虫蜡质边缘有放射状突起，雌若虫蜡质圆形，以后慢慢增大似雌成虫蜡壳。

红蜡蚧一年发生一代，以受精雌成虫在茶树枝干上越冬。雌成虫5月下旬产卵，6月上旬开始孵化。若虫孵化后即到处爬行，寻找适宜的取食部位，一旦固定后，即把口针插入表皮组织内，体背慢慢分泌蜡质覆盖虫体，以后不再移动。雄若虫喜定居在叶片主脉两侧，数量较少，第二龄起不再取食，称为前蛹，第三龄化蛹，9月上中旬雄成虫羽化，与雌成虫交配后即死亡。雌若虫均在枝干上固定，三龄若虫都刺吸汁液，变为雌成虫后仍刺吸汁液危害，与雄成虫交配后仍固定在原处越冬。一直到5月下旬才产卵，每雌虫可产卵200粒左右。生长郁蔽、树势衰弱的茶园发生较重。其分泌物极易诱发烟霉病（图5-13）。

图 5-13　红蜡蚧

（二）主要防治措施

（1）苗木检疫。调运苗木时，需从无介壳虫的苗圃取苗。

（2）合理修剪、台刈。对介壳虫发生严重、树势衰弱的茶树，及时进行重修剪或台刈，修剪下来的枝叶在瓢虫、寄生蜂飞回茶园后再做处理。介壳虫则随着枝叶干枯而死亡。

（3）加强茶园管理。及时除草、清蔸亮脚，促进通风透气、避免郁蔽。低洼茶园注意开沟排水，以降低地下水位。

（4）合理施肥，增施有机肥，增强茶树抗性。

（5）人工刮除，对红蜡蚧、角蜡蚧、龟蜡蚧发生的茶树，可以采取人工用竹刀刮除，尤其在发生少、尚未扩散的时候，人工刮除效果更好。

（6）保护利用天敌，介壳虫的天敌很多，主要有各种瓢虫、寄生蜂，可以人工助迁一些瓢虫到介壳虫多的茶园，也可以人工释放寄生蜂到茶园。

（7）对介壳虫较多的茶园可在秋季封园后喷施一次 0.3 ~ 0.5°Bé 的石硫合剂，消灭大部分越冬虫源，减少越冬以后的病虫基数。

（8）用植物源农药苦楝叶制剂进行防治。

八、螨类

（一）主要种类和生活习性

茶叶螨类属蛛形纲蜱螨目，体小，发生代数多、繁殖快，刺吸茶汁。危害茶树的螨类较多，较为严重的有叶螨科的咖啡小爪螨、细须螨科的茶短须螨、跗线螨科的茶跗线螨、瘿螨科的茶叶瘿螨和茶橙瘿螨五种。

咖啡小爪螨主要在华南地区发生，一年发生 15 代左右，无明显越冬现象，秋冬干旱季节发生严重，多危害成叶，造成被害叶枯竭、硬化，进而落叶。

茶短须螨，又名卵形短须螨，危害分布范围较广，从山东至福建都有，一年发生 5 ~ 10 代不等，在北方以成螨群集于茶树根茎部附近越冬，在南方则无明显越冬现象，高温干旱季节发生严重，茶短须螨多危害成叶，被害叶片有红褐色至紫色突起斑，后期叶柄部产生霉斑，造成大量落叶（图 5-14）。

图 5-14 茶短须螨

茶跗线螨，又名茶黄螨、嫩叶螨、侧多食跗线螨、侧多食跗线螨、茶半跗线螨。成、若螨栖息于茶树嫩芽叶背面吸汁危害，被害叶背出现铁锈色，硬化增厚，叶尖扭曲畸形，芽叶萎缩。该螨年发生 20～30 代，以雌成螨在残留芽叶、鳞片、叶柄缝穴及杂草上越冬。高温干旱的气候环境有利其发生。一般夏秋茶发生较危严重。

图 5-15 茶跗线螨

茶叶瘿螨在全国各茶区都有分布，在浙江全年发生 10 余代，以成螨在茶树叶背越冬，在南方无明显越冬现象，高温干旱发生严重，它主要危害成叶和老叶，被害叶紫铜色、无光泽，在叶背脱皮形成白色灰尘状粉尘，被害叶僵化萎缩，大量脱落（图 5-16）。

图 5-16　茶叶瘿螨

　　茶橙瘿螨，又名茶刺叶瘿螨，常与茶叶瘿螨混合发生，在浙江一年发生 20 余代，且无明显越冬现象，高湿多雨季节发生严重，主要危害嫩梢，被害芽叶萎缩，主脉两侧呈浅橙褐色，受害叶叶背显锈斑（图 5-17）。

图 5-17　茶橙瘿螨

（二）主要防治措施

（1）及时分批采摘，抑制茶橙瘿螨、茶跗线螨的危害。

（2）保护茶园德氏钝绥螨、畸螯螨和其他捕食性、寄生性的天敌。

（3）秋季封园后喷施一次 0.3 ~ 0.5° Bé 的石硫合剂。

（4）用矿物油等矿物源农药防治。

第四节　有机茶园草害防治

　　杂草是作物生产体系中自然生长的非目的性植物，对作物和生态有利也有弊。杂草的生命力强，能较好地适应环境，其生殖能力、再生能力和抗性都强，往往具有比作物更强的竞争力。茶园杂草与茶树争肥、争水、争阳光，又是许多病虫害的中间寄主，杂草泛滥，严重危害茶树生长。为了消灭杂草人们使用了包括化学除草剂在内的各种手段，耗费了大量人力、物力，化学除草剂也污染了环境，减少了有利于平衡控制病虫草害的生物多样性，而杂草则以其遗传上的变异性（如产生对化学除草剂的抗性）来重新适应，造成恶性循环。在有机茶生产中，应将杂草作为茶园生态系统中的一个要素进行管理，既要认识到其对茶叶生产的危害性，也要认识到杂草在茶园生态系统中有利的一面。首先，合理管理的杂草在维持土壤肥力，减少土壤侵蚀，提高土壤生物活性方面有一定作用；其次，杂草通过充当许多害虫的次生寄主，如提供害虫的食物，吸引害虫取食而减轻对作物的危害；再次，杂草或可产生趋避害虫的化合物，或可为害虫天敌提供花粉、花蜜和越冬场所；最后，有些杂草还可作为牲畜饲料和有机肥源被利用。因此，为了趋利避害，要充分认识杂草既有利又有害的双重性，在有机茶园管理中进行合理控制，以促进作物协调平衡的发展。

一、主要杂草种类

　　茶园杂草种类繁多，不同地区、不同生态条件、不同耕作制度、不同管理水平，其杂草的种类、分布、群落、危害等都不一样。

　　在湖南，已报道的主要茶园杂草有 132 种，分属 39 科，其中以菊科、禾本科种类最多，占全部种类的 24.2%，然后为唇形科、蔷薇科、蓼科、伞形科、石竹科、大戟科，占全部种类的 27.3%，发生频率在 75% 以上的杂草有菊科的艾蒿、一年蓬、鼠曲草、马兰，禾本科的看麦娘、马唐、狗牙根，蓼科的辣蓼、杠板归，玄参科的婆婆纳，酢浆草科的酢浆草，茜草科的猪殃殃等，这些杂草不但发生频率高，而且覆盖度和危害程度也较大。

　　在浙江，已报道的主要茶园杂草有 32 科 86 种，其中禾本科杂草占 21.9%，菊科杂草占 13.5%，石竹科占 6.3%，江浙一带危害严重的主要茶园杂草有马唐、牛筋草、狗牙根、狗尾草、香附子、荩草、马齿苋、雀舌、繁缕、卷耳、看麦娘、早熟禾、马兰、漆姑草、一年蓬、艾蒿等。

二、有机茶园杂草的防治

茶树为多年生作物，其田间有害杂草的控制主要采用农业技术措施防治、机械清除、生物防治相结合的方法进行。

（一）农业技术措施防治

新垦茶园或改造衰老茶园、荒芜茶园垦复时，对园内宿根性杂草及其他恶性杂草（如白茅、蕨类、杠板归、狗牙根、艾蒿等）的根、茎必须进行彻底清除，然后及时清除新生幼嫩杂草。在管理措施中应用覆盖物（黑色薄膜、遮阳网、作物秸秆）覆盖保护土壤，控制杂草生长。在幼龄茶园进行间作，减少杂草危害。含杂草种子的有机肥须经无害化处理，充分腐熟，减少杂草种子传播。加强有机茶园肥培管理和树冠管理，促进茶树生长，快速形成茶树树幅是防治行间杂草最好的农技措施之一。

（二）机械清除

机械清除包括田间中耕除草，大规模机械化除草，结合施肥进行秋耕等措施。中耕可采用机械化或人工进行，但原则上要除早除小，一年生杂草在结实前进行。秋耕时多年生杂草应切断地下根茎，削弱其积蓄养分的能力，使其逐年衰竭而死亡，还可进行机械割草覆盖茶园。

（三）生物防治

国内外研究用真菌、细菌、病毒、昆虫及食草动物来防除农田杂草，取得一定进展。我国利用鲁保一号真菌防除大豆菟丝子在生产上普遍应用，F_{789}病菌是寄生在列当上的镰刀菌，经新疆试验推广，防治瓜类列当的效果达95%～100%，此外还有寄生性的锈菌、白粉菌能抑制苣荬菜、田旋花，如蓟属的锈菌可使蓟属杂草停止生长、80%的杂草植株死亡，柑橘园中的莫伦藤杂草已用商品化生产的棕榈疫霉进行防除，苍耳、车前草夏季能发生白粉病而干枯死亡，美国、加拿大、日本都有商品化生产的微生物除草剂出售。

利用昆虫取食灭草，如尖翅小卷蛾是香附子的天敌，幼虫蛀入心叶，使之萎蔫枯死，继而蛀入鳞茎啮断输导组织，此外该虫还可蛀食碎米莎草、荆三棱等莎草科植物。叶甲科盾负泥虫专食鸭趾草；褐小荧叶甲专食蓼科杂草；象甲科的尖翅筒喙象嗜食黄花蒿，侵蛀率达82.7%～100%。国外澳大利亚以甲虫控制成灾的仙人掌；美国引进甲虫消灭西部牧场的有毒杂草。

在有机茶园中放养山羊、鹅、兔、鸡等进行取食，也可取得抑制草害的效果。

第六章　有机茶加工

第一节　有机茶加工厂的选址与建设

一、有机茶加工厂的选址

有机茶加工厂必须建立在环境良好、无任何污染的地带，这里所指的环境主要指空气、水源和周边条件三个因素。

（一）空气

有机茶加工厂所处的大气环境应符合 GB 3095—2012《环境空气质量标准》中规定的二级标准要求。我国大部分茶区分布在无工业污染的山区，空气质量较好，目前发展的有机茶园大多数位于高山区和半山区，就近修建的加工厂环境空气质量一般能符合标准要求。

（二）水源

有机茶加工用水的水质应达到 GB 5749—2006《生活饮用水卫生标准》，不得使用池塘或受到污染的溪水、河水。

（三）周边条件

有机茶加工厂属食品类加工，要求周边环境不能影响茶叶质量，要求加工厂距离垃圾场、畜牧场、医院 200 m 以上，距离常规生产的农田 100 m 以上，距离交通主干道 20 m 以上，距离粪池及排放"三废"的工业企业 500 m 以上；加工厂应无有害气体、烟尘、灰尘以及有其他扩散性污染源；在加工厂附近不能有异味和臭味；新建加工厂应尽量避免建在居民区附近，以防生活垃圾和人为因素的污染；加工厂周边不应有餐饮、汽车或拖拉机修理等服务设施。

二、有机茶加工厂的建设

选好有机茶加工厂的地址后，首先应进行规划。厂区设在宽阔平坦的易于排水的地带；有道路与外围公路主干道相通，保证物资、鲜叶和产品运输；厂区规划应有 50% 以上的绿化面积。

有机茶加工厂由加工区、办公区、生活区组成，规划时合理布局各个功能区。加工区是有机茶加工厂的核心区域，与生活区完全隔离。为了方便管理人员组织生产、对品质进行监控，办公区可以与加工区相连或相离。加工厂的建筑符合《中华人民共和国环境保护法》《中华人民共和国食品安全法》的要求，有防火、防盗等设施。加工厂以钢筋混凝土多（单）层结构、钢架结构或砖木结构等形式为宜，一般不采用木质或泥墙结构的厂房。

加工区厂房设计时要求气流通畅、采光良好、光照强度在 500Lx 左右。地面采用水磨石或铺设地砖等，墙壁内涂环保涂料或贴瓷砖。车间门窗加纱门窗，防止蚊蝇等害虫飞入。

加工区厂房要有与加工茶类品种、数量相适应的厂房面积，厂房面积至少是设备占地面积的 8 倍以上。加工区厂房主要有加工车间、审评室、质检室、包装车间和仓库等。

厂区要求设更衣室，更衣室内要有洗手池、消毒设施，配备足够的工作服和工作鞋，进入加工车间之前要更衣。加工车间按加工工艺流程进行布局，有炉灶的设备应建在加工车间外，防止燃料燃烧后粉尘对茶叶的污染。审评室要求采光度好。茶叶仓库应干燥、防潮、避光，建议采用低温保鲜库贮存有机茶，既生产有机茶又生产常规茶的平行茶叶加工厂必须要有独立的有机茶专用仓库。

另外，有机茶对加工设备材料有严格要求，特别是与茶叶有接触的部位，零件尽量采用不锈钢或优质碳素钢制造。对一些震动大、高噪声的加工设备要有必要的防护措施，震动大的设备采取加防震垫、配置偏心块等防震措施；噪声大的风机安装在加工车间外，保证车间的噪声低于 80 dB。车间要加装排风扇降低粉尘，一般要求车间的粉尘浓度低于 10 mg/m³。在杀青、烘干等工序要配有通风设备，加速空气流通，改善工人劳动条件。电力设施要有醒目的标志，车间内的电力线要有漏电保护装置，以保证用电安全。皮带传动必须有皮带防护罩，以保证操作者的人身安全。加工厂要有消火栓、蓄水池等消防设施。

第二节　有机茶鲜叶原料

鲜叶是形成茶叶品质的原料，有机茶加工的原料必须来自获得认证的有机茶园，只有获得认证的有机茶加工厂对有机茶园的原料进行加工后的产品，才能称为有机茶。有机转换茶园、常规生产茶园的鲜叶不得与有机生产茶园的鲜叶混合加工。

一、有机茶加工对鲜叶原料的要求

为保证有机茶的完整性，要求有机茶加工的鲜叶原料必须来自获得有机认证的茶园，通过在获得有机认证的加工厂加工后的茶叶产品，才能标识为有机茶。有机茶园的鲜叶不得与有机转换茶园或常规茶园的鲜叶混合加工，允许有机茶加工厂收购周边地区的有机茶园的鲜叶加工，但必须索取有效的有机产品认证证书和销售证并加以验证，以表明其鲜叶原料的真实性和可追溯性。严格按鲜叶的验收标准收购，不得收购掺假、含杂、品质劣变的鲜叶。做好鲜叶进厂记录，内容包括鲜叶的来源、数量、收购人等，以便从源头进行有机茶质量与数量的控制。

鲜叶原料的质量是有机茶加工的基础，只有符合要求的鲜叶才能够加工出符合标准、体现其经济价值的有机茶产品。鲜叶的质量主要有鲜叶的嫩度、匀度、净度和新鲜度。

（一）鲜叶嫩度

鲜叶嫩度是鲜叶主要的质量指标。嫩度从内含成分来说，以纤维素含量表示，纤维素含量越高，鲜叶就越粗老。从感官来评定，则以芽叶组成来表示，一芽一叶或一芽二叶组成比率越高，则鲜叶就越嫩。所以不少茶厂的茶叶等级主要是用芽叶组成来表示。鲜叶嫩度也可以从芽叶色泽、叶质软硬程度来判断。一般来说，同品种鲜叶，芽叶色泽呈黄绿色要比绿色的嫩度好，叶质柔软的要比叶质硬的嫩度好。

（二）鲜叶匀度

鲜叶匀度是指鲜叶嫩度和质量的一致程度。匀度有两种标志：一种是指采自同一品种、同一生长条件和长势的茶树上的同样嫩度的鲜叶，表示匀度好；另一种是采自不同茶树，但采摘标准一致，芽叶中某种芽叶占绝大多数，均匀一致，也表示匀度好。此外，匀度还指芽叶色泽较一致。

（三）鲜叶净度

鲜叶净度指茶叶的干净程度。有机茶生产要求鲜叶中不夹带杂物，纯净一致。如果茶园管理差，杂草丛生，采摘时往往会把杂草一起带入；鲜叶盛器的原料边屑有时也会混入，造成净度差，就容易造成生产出的有机茶产品不合格。

（四）鲜叶新鲜度

鲜叶新鲜度指鲜叶从树上采摘下后的理化性状变化的程度。保持鲜叶的新鲜度，避免采摘时抓伤茶叶和运输过程中紧压或损伤鲜叶，设立充足的摊青场地，则能保证生产出的有机茶品质。

二、有机茶采收

有机茶园鲜叶原料采收要注意以下事项：第一，同一地块采摘标准要一致。第二，采摘时尽量避免抓伤鲜叶原料。第三，盛装鲜叶的器具必须干净、无污染，而且专用，不得与其他鲜叶混用；采收时，避免紧压和堆积。第四，鲜叶运输过程中，要有专用的茶筐和茶篓盛装鲜叶，注意防止挤压、堆积、机械碰撞和其他物质的污染。第五，鲜叶运到加工厂后，应立即摊放在干净的水筛或专用摊青设备上，并做好详细记录，鲜叶记录的内容包括鲜叶采收的时间、地块、数量、等级、编号及相关的责任人等。不同地块的鲜叶应分别放置，并做好标识，同时尽量按地块加工。

第三节　有机茶加工技术

茶叶加工广义是指茶叶初加工、精加工、再加工和深加工的总称。狭义的茶叶加工专指茶叶初、精制加工，包括部分再加工。本文所指的有机茶加工是指有机茶鲜叶的初、精制加工。

有机茶初加工是指有机茶鲜叶通过一定的加工方式形成成品茶或半成品茶的过程。有机茶精加工是指将初加工的有机茶加工成为规格化、系列化精制茶的过程。有机茶再加工是指将初加工或精加工的有机茶加工成其他形式茶特定加工过程。

一、绿茶加工技术

我国目前已认证生产的有机茶，以有机绿茶最多。有机绿茶要求"三绿"即干茶翠绿、茶汤碧绿、叶底嫩绿。按原料的标准不同可分为大宗绿茶和名优绿茶。大宗绿茶按杀青方式或干燥方式不同可分为炒青绿茶、烘青绿茶、蒸青绿茶和晒青绿茶等；名优绿茶根据外形可分为针形茶、扁形茶、条形茶、卷曲形茶、球形茶等。

（一）炒青绿茶的初制加工

炒青绿茶的品质特点：外形为稍弯曲的长条形，条索紧结、匀整，有峰苗，色绿润；品质良好的有机炒青绿茶，香高持久，栗香明显，滋味醇浓，汤色黄绿明亮，叶底黄绿明亮。其加工工序为：杀青→揉捻→干燥。

1. 杀青

鲜叶杀青一般采用滚筒杀青机作业，首先开机转动筒体，再生火烧旺炉灶，当筒体温度达到360℃左右，即看到筒壁微红，内稍有火星跳跃，即可开动上叶输送带上叶，开始时应适当多一些，待杀青叶从滚筒出口端排出时，开动排湿风机排湿，作业过程应注意检查杀青叶质量，并根据杀青叶适度状况调整投叶量。杀青结束后要注意将炉膛内的残余燃料和灰渣清理干净。

2. 揉捻

揉捻工序关键是掌握投叶量、控制揉捻时间和加压轻重。应按照揉捻机的不同型号确定投叶量，一般情况下，6CR-55型揉捻机投叶35 kg左右；加压轻重应以"轻易重—轻"为原则，加工嫩叶，加压须轻，而加工粗老叶时，加压应重些；揉捻程度以嫩叶成条率80%～90%、粗老叶成条率在60%以上为适度。揉捻叶下机后，应立即进行解决干燥。

3. 干燥

炒青的干燥工序一般采用"烘—滚—滚"，即要经过烘二青、炒三青、辉干三个阶段。

烘二青：在烘干机上完成，热风温度控制在120℃，烘干程度以捏时感觉不黏，稍感触手，握手可成团，松手后会弹散为适度，二青叶的减重率为25%～30%。

炒三青：在八角式炒干机上完成，当筒壁温度达100℃～110℃时，向筒内投入烘二青叶，投叶量为25 kg左右，并在炒制前期开启小电风扇排气，炒制时间约为30分钟，加工叶含水率为15%左右，出叶摊凉。

辉干：在瓶式炒干机上完成，筒壁温度保持在100℃左右，投叶量约为

40 kg，炒制时间 60～80 分钟，在炒干结束前 5 分钟，迅速提高炒制温度至150℃左右，当加工叶含水率降至 6% 左右时，立即出叶摊凉。

（二）绿茶的精制加工

为了分出绿茶的等级和提高茶叶品质，绿茶初制加工结束后需要进行精制。绿茶精制加工主要工序：筛分→风选→拣梗→切断→复火车色→匀堆。

1. 筛分

筛分作业有圆筛和抖筛之分。

圆筛：利用平面圆筛机进行筛分，目的是分出茶叶的长短、大小。利用筛床的回转运动，将长短、颗粒大小不同的茶叶，分成各个级别茶，通常要重复3～4 次，使茶叶达到要求。

抖筛：在抖筛机上进行的筛分作业，目的是分出茶的粗细，套去圆身茶头，抖去筋梗。按茶叶粗细和净度分级，通常要重复 2～3 次，使茶叶达到要求。

2. 风选

风选指利用茶叶风力选别机进行作业，分出茶叶轻重与夹杂物。风选作业一般也要进行 2～3 次。

3. 拣梗

拣梗利用阶梯式拣梗机、静电拣梗机和手工拣梗三者结合进行作业。阶梯式拣梗机主要拣去粗筋梗，静电拣梗机主要拣去茶叶中的细筋梗，手工拣梗是弥补机拣的不足，进一步提高各级茶的净度。

4. 切断

切断工序采用切茶机进行。毛茶通过筛分作业分离出来的长条茶、粗大形茶等进行切断。

5. 复火车色

复火车色工序利用烘干机、车色机进行作业。茶叶在 110℃左右的烘干机复火 20 分钟后入车色机车色。车色的主要作用是使条索更加紧结，色泽绿润起霜，冲泡汤色黄绿。

6. 匀堆

匀堆是采用人工或匀堆机将各筛号茶按比例进行混合。

（三）条形（毛峰）名茶加工

条形名茶是我国名优绿茶产区中分布最广泛、数量最多的名茶种类。其品质特征为：条索紧卷稍弯曲，白毫显露，芽叶完整，肥壮匀齐；香气清高，滋味鲜爽回甘，汤色黄绿明亮，叶底肥壮绿明，芽叶成朵。有机条形（毛峰）的加工工艺：有机鲜叶→杀青→初揉→初烘→复揉→复烘→提毫→足干。

1. 鲜叶

采收回来的有机鲜叶要符合名优茶的标准，即以一芽一叶和一芽二叶为主（90%以上），摊凉4～6小时即可杀青。

2. 杀青

有机名优绿茶杀青一般采用6CS-30或6CS-40型滚筒杀青机杀青，当筒体出口处热空气达到90℃时开始投叶，投叶保持均匀，使杀青叶的含水率降至55%～58%、加工叶减重率降至45%～50%为适度。杀青叶下机后立即用电风扇吹凉。

3. 初揉

将杀青叶投入名茶揉捻机中，在无压状况下轻揉5～7分钟，注意既要揉出茶汁、使茶叶成条，又不能使白毫揉脱。

4. 初烘

初揉叶用名茶解块机解决，然后投到热风温度为：100℃左右的6CH-3型自动式或手拉式名茶烘干机进行初烘，含水率降至50%～45%时下机摊凉。

5. 复揉

摊凉后的初烘叶再进行复揉，无压揉捻3～5分钟后再轻压5～7分钟，将茶条揉紧成形。

6. 复烘

复揉后进行复烘，热风温度100℃左右，条索有刺手感且富弹性，含水率降至35%～40%时下机摊凉，进入提毫工序。

7. 提毫

提毫工序在电炒锅内作业。锅温设置70℃，将加工叶在锅内抖炒2～3分钟，使茶叶均匀受热，然后将其置于手掌之间，双手向不同方向旋转，使茶条之间相互摩擦，在茶条逐渐收紧和水分不断蒸发的同时，白毫渐显。白毫显露，含水率降至20%～25%时出锅。

8. 足干

经过提毫后的加工叶，采用热风温度为60℃～80℃的名茶烘干机足火烘干至含水率5%左右下机。

制好的毛茶，人工拣剔黄片，并适当用手工轻筛，去粉末，将品质相近的成茶进行并堆、装箱、入库。

二、红茶加工技术

红茶为全发酵茶，是我国生产和出口的主要茶类之一，也是世界上消费最多的茶类。其主要品质特点是红汤红叶。红茶主要有工夫红茶（滇红、祁红、川红、闽红）、小种红茶（正山小种、烟小种等）、红碎茶（叶茶、碎茶、片茶、末茶）等。

（一）工夫红茶的初制加工

工夫红茶条索紧细匀直，叶色润泽，毫尖金黄，香气高锐持久，滋味鲜醇，汤色红亮，叶底红明。其加工工序：萎凋→揉捻→发酵→干燥。

1. 萎凋

萎凋分为自然萎凋、日光萎凋和加温萎凋。红茶的萎凋一般为室内自然萎凋，通过调节空调、除温机，使萎凋室内温度保持在20℃～24℃，相对湿度控制在60%～70%，摊叶量0.5kg/m³～0.75kg/m³为宜。有的大型红茶加工厂采用萎凋机作业。萎凋机作业是根据有机鲜叶的老嫩和含水率调节萎凋机温度、风量和萎凋帘的行进速度。当萎凋叶表面光泽消失，叶色转为暗绿，青草气减退，清香显露，叶形萎缩，茎脉失水微软不易折断，手捏叶片有柔软感，无摩擦响声，紧握成团松手又能弹散，减重率35%左右，含水率在60%左右为适度。

2. 揉捻

揉捻作业时，一般按揉桶容量的3/4投入萎凋叶，揉捻机工作3～5分钟后，再适当抛入部分萎凋叶揉捻。揉捻时间一般掌握1.5～2小时，加压以"轻易重一轻"为原则。揉捻程度为：揉捻充分，揉捻叶局部泛红或淡黄绿色，用手紧握揉捻叶，有茶汁溢出，松手后茶团不散，但有些粘手即为适度。

3. 发酵

发酵是形成有机工夫红茶色、香、味品质的关键性工序。揉捻叶在发酵室内发酵，发酵室配备空调、加湿机等装置。发酵时叶温保持30℃为宜，气温控制在24℃～25℃，室内相对湿度95%。发酵时间从揉捻时开始计时3～5小时，每隔3分钟左右开启排气扇，保证发酵室内有足够氧气以利于充分发酵。发酵适度的加工叶青气消失，有浓厚的熟苹果香，叶色大部分变红，常见红里泛青。

4. 干燥

毛火干燥时烘干机进口风温以110℃～120℃为宜，不能超过130℃，摊叶厚度1cm～2cm，时间为15分钟左右；足火干燥时进口风温以90℃～100℃为宜，不能超过100℃，厚度2cm～3cm。两次烘干之间下机摊凉0.5～1小时。

成品茶含水率 5% 左右。

（二）正山小种红茶加工

正山小种红茶主产于福建省武夷山市星村镇桐木关一带，历史悠久，是我国红茶生产和出口的传统名茶。品质特征：干茶色泽褐红润泽，条索肥壮，紧结圆直，不带毫芽；香气高锐、微带松柏香，滋味浓而爽口、活泼甘醇、似桂圆味，茶汤呈深黄色。加工工序：有机鲜叶→萎凋→揉捻→发酵→过红锅→复揉→烟熏干燥→复焙。

1. 鲜叶

鲜叶采摘要求中、小开面三、四叶，芽叶较成熟，有利于形成正山小种红茶甜醇的品质特征。

2. 萎凋、揉捻和发酵

萎凋和揉捻与有机工夫红茶加工方法类同。正山小种红茶发酵的方法是将揉捻叶装在箩筐中稍压紧，并覆盖温水浸过的湿布，一般历时 4～5 小时。发酵过程叶温若超过 30℃，则需翻拌降温，若温度过低，则需加温发酵。发酵适度：青气消失，发出芳香的茶香，80% 以上的发酵叶呈红褐色。

3. 过红锅

炒叶锅加温至 200℃ 左右，投入发酵叶 1kg～1.5kg，迅速翻炒 2～3 分钟，发酵叶受热变软即可出锅。

4. 复揉

出锅后的茶叶趁热复揉 8～10 分钟，揉至茶汁溢出，条索紧结时下机解决，并及时进入烟熏干燥工序。

5. 烟熏干燥

将复揉叶摊于水筛内，每筛 2kg～2.5kg，叶层厚 5cm 左右，将摊好茶叶的水筛放置在吊架上，下烧湿松木进行熏烟干燥。火力先大后小，烟要浓，其间无须翻叶摊凉，8～12 小时后，茶条手捻成粉，即可下筛。

6. 复焙

复焙是正山小种红茶的精制工序。将毛茶用 1～4 号筛筛分出 1～4 号茶，并簸去黄片、茶末，拣去茶梗、老叶片后分号归堆并分别进行复火。烧湿松木复火，低温慢烘，烘至茶叶烟味足、香气高、含水率低于 7%，即可摊凉后入库。

三、白茶加工技术

有机白茶主产于福建省福鼎、政和、松溪和建阳等县市，主要出口欧盟、港澳、东南亚、美洲及中东等国家和地区。

（一）白茶产品种类与品质特征

1. 白毫银针

白毫银针采用适制品种（福鼎大白茶、福鼎大毫茶等）嫩梢的肥壮芽头，按白茶传统工艺制成的成品茶。品质特征：毫心肥壮，浑身披毫，银白闪毫；香高持久，滋味鲜醇嫩爽，毫香浓显。

2. 白牡丹

白牡丹采用适制品种一芽一叶或一芽二叶嫩梢，按白茶传统工艺制成的成品茶。品质特征：绿叶夹银毫，毫心肥壮，色泽翠绿；香气清鲜芬芳、滋味甜醇爽口、毫香明显。

3. 贡眉

贡眉采用当地菜茶群体种的一芽二、三叶按白茶传统工艺制成的成品茶。品质特征：叶色灰绿，微显银白色，品质次于白牡丹。

4. 寿眉

寿眉由制"白毫银针"采下的嫩梢经"抽针"后剩下的叶片按白茶传统工艺制成的成品茶，品质特征为不带毫芽，色泽灰绿带黄，滋味清淡。

5. 新工艺白茶

新工艺白茶采用适制品种的一芽二、三叶，对夹叶及单片按新工艺白茶的加工工艺制成的成品茶。品质特征：外形相似于低档的贡眉和寿眉，略带条状；香低，味平和，回甘偏浓，汤色杏黄偏深。

（二）白茶加工技术

白茶加工分传统工艺和新工艺加工两种，现简介如下。

1. 白茶的传统加工工艺

白茶传统加工工艺流程：鲜叶→萎凋→并筛→烘焙→拣剔。

（1）鲜叶：鲜叶采摘进厂后，按原料老嫩严格分级并及时均匀摊放到水筛萎凋，每个水筛（直径 1 m）摊叶量 0.3 kg 左右，摊好后不可翻拌，将水筛置于萎凋室的架上萎凋。

（2）萎凋：萎凋分为自然萎凋、日光萎凋和加温萎凋。

①自然萎凋：春茶室温 18℃～25℃，相对湿度 67%～80%，夏、秋茶室温 30℃～32℃，相对湿度 60%～75%，多采用室内自然萎凋。

②日光萎凋：春季晴天，在早晨或傍晚阳光较弱时进行轻晒，晒至叶片微热时移入萎凋室内萎凋。

③加温萎凋：春季如遇阴雨天或低温，必须采用加温萎凋。利用管道加热或热风机鼓入热风萎凋，温度控制在20℃～32℃，利用除湿机，使相对湿度保持在65%～70%。春茶期间，由于天气变化无常，一般三种萎凋方式交替使用。萎凋历时为52～60小时。

（3）并筛：萎凋35～45小时后，当芽叶毫色发白，叶色由浅绿转变为灰绿或铁青，叶态如船底状，叶缘垂卷，嫩叶芽尖呈"翘尾"状，约七成干时每2～4筛并为1筛。待叶色转为灰绿色（约八成干）即为萎凋适度。

（4）烘焙：烘焙可在焙笼、烘干机或提香机进行，初烘温度掌握在80℃～90℃，时间20分钟左右，初烘后需进行摊凉0.5～1小时后复烘。

（5）拣剔：毛茶等级越高，对拣剔越严格。一级白茶应剔除腊叶、红张、梗、片和杂物；二级白茶剔除红张、梗、片和杂物；三级白茶剔除梗、片和杂物。拣剔时动作要轻，防止芽叶折断或叶张破碎。拣剔后立即包装、入库。

2. 新工艺白茶的加工技术

新工艺白茶加工技术是1968年福鼎白琳茶厂的创新工艺技术，其产品以"新工艺白茶"或"新白茶"命名。新工艺白茶的加工工艺流程：有机鲜叶→萎凋→轻揉捻→烘焙→拣剔。新工艺白茶加工较传统白茶加工的一个特有工序为轻揉捻，目的是改变偏粗老鲜叶原料而造成茶外形呆板不卷曲的特征，使其略呈条索状。轻揉捻是将萎凋适度的萎凋叶蓬松装入揉捻机，视鲜叶的老嫩程度不加压或轻压揉捻8～15分钟。另外，新工艺白茶的烘焙温度高于传统工艺白茶，一般为110℃～120℃，以突出火香。

四、乌龙茶加工技术

乌龙茶主产于我国福建、广东和台湾地区。按其加工工艺可分为闽南乌龙茶、闽北乌龙茶和台式乌龙茶等。闽南乌龙茶又分为清香型乌龙茶和浓香型乌龙茶。

（一）闽南乌龙茶加工技术

1. 清香型乌龙茶加工技术

近几年来，清香型乌龙茶的市场占有额不断扩大，占据着乌龙茶市场的半壁江山。其品质特点：干茶外形圆结紧实，色泽沙绿油润；香气清高持久，花香明显；滋味醇和爽口；汤色清黄明亮；叶底黄绿软亮，叶缘略带缺口，红边少。有机清香型乌龙茶的加工流程：有机鲜叶→晒青→做青→杀青→造型→干燥。

（1）鲜叶。

鲜叶要求中、小开面2～3叶，嫩度一致、大小均匀，采摘时段为晴朗天气的 9 时至 16 时。

（2）晒青。

用洁净的水冲洗晒青场晾干后，铺上干净、无污染的晒青布，将摊晾后的鲜叶薄摊在晒青布上，根据季节、气候、时段灵活使用架在晒青场上的遮阳网，调节晒青时的日光辐射强度。天气炎热干燥时，可采取少晒、间歇晒、以晾代晒等多种方式。按品种和采摘时段分批分期晒青、均匀薄摊，摊叶量 1kg/m² 左右，晒青时要翻拌 1 ～ 2 次。晒青程度掌握晒青叶减重率为 6% ～ 8%，青叶表面略失去光泽，叶色略转暗绿、顶二叶微垂为适度。收青时，将晒青布四角提起，动作轻缓。晒青后将晒青叶移入做青间内摊晾 30 ～ 60 分钟。

（3）空调做青。

空调做青间的环境温度控制在 18℃ ～ 21℃，相对湿度 55% ～ 85%。做青分摇青、晾青 2 道工序，2 道工序交替进行。清香型乌龙茶空调做青技术要点可归纳为"轻摇青、薄摊青、长晾青、轻发酵"。

轻摇青：摇青机每笼装 20 kg 左右青叶，转速为每分钟 5 ～ 15 转，摇青次数为 2 ～ 3 次，第一摇摇出淡淡的"青气"，第二摇比第一摇稍重，"青气"较第一摇稍浓，第三摇摇至清香显露。每次摇青均需等青叶青气退尽后才能再摇。

薄摊青：摊青时，要求叶与叶之间互不重叠，摊青量控制在 0.5kg/m² 左右。

长晾青：第一摇和第二摇后的晾青时间为 1.5 ～ 3.0 小时，第三次晾青时间为 8 ～ 12 小时。

轻发酵：清香型乌龙茶的发酵程度为 10% 左右，即一红九绿。

当叶色褪淡呈浅绿色，茶香显露，做青叶失水率达 30% 左右，即可进行杀青。

（4）杀青。

开启 6CST-90 型燃气式滚筒杀（炒）青机，待筒内温度升至 260℃ ～ 300℃时投叶杀青，投叶量每筒 3kg ～ 4kg，杀青时间历时 3 ～ 4 分钟，至滚筒内发出"沙沙"声音，手握杀青叶略有脆感、含水率 40% 左右即可下机。抖散杀青叶的水汽后，趁热短时搓揉或用包揉布包裹好甩包撞击，使红边碎脱，然后及时筛分，并摊凉回潮。

（5）包揉造型。

清香型乌龙茶的造型工序包括速包、平揉、松包、初烘、复包揉、定型等工序，其工艺流程为：①速包松包，反复 3 ～ 4 次；②接着速包→平揉→松包，反复 4 ～ 5 次；③茶条表面呈黏稠湿润感时上烘干机或电旋转烘干箱初烘，初烘温度为 70℃左右，待有刺手感时下机；④翻抖散热至温热（37℃左右）进行复包揉，重复①②③工序，反复 2 ～ 3 次；⑤茶包揉至外形达到要求，茶叶含水率 15% 左右，紧缩茶包，静置 2 ～ 3 小时，外形固定后解包干燥。技术要点是两层包揉布包茶；速包时间一般不超过 1 分钟；包揉全程掌握"松—紧—松"原则；及时松包，筛分粉末；复烘温度宜逐次降低，70℃→65℃→60℃；包揉过程叶温不宜超过 37℃，避免产生闷热作用，影响茶色和汤色；全程包揉次数 20 ～ 30 次。

（6）低温干燥。

定型后的茶叶，解散薄摊在电旋转烘干箱的网筛上，温度控制 70℃以下，摊叶厚度为 1.0cm ～ 1.5cm，干燥时适度打开箱门，保证烘干箱内通气良好。足干历时 40 ～ 60 分钟，烘至茶叶含水率 5% ～ 6%。干燥后的茶叶摊凉后及时剔除茶梗、茶末等，真空密封包装，并低温贮藏。质量安全控制点是在加工过程中，茶叶不落地，晒青布、包揉布每批次后要清洗干净晾干。按有机茶生产要求及时清理设备并做好记录。

2. 浓香型乌龙茶加工技术

浓香型乌龙茶加工技术与清香型乌龙茶的加工技术大体相同，但做青发酵稍重。其品质特征：干茶外形重实，多呈螺旋形，色泽油润青绿，红点明显，俗有"青蒂、绿腹、红镶边"之称；香气浓郁清长，滋味醇厚鲜甜；汤色金黄清亮；叶底肥软而亮红边均匀，耐冲泡。有机浓香型乌龙茶初制工艺流程为：有机鲜叶→晒青→做青→堆青→杀青→揉捻→初烘→包揉造型→干燥。

（1）鲜叶。

要求鲜叶中小开面 3 ～ 4 叶，嫩度一致、大小均匀，采摘时段为晴朗天气的上午 9 点至下午 4 点。

（2）晒青。

晒青方法与有机清香型乌龙茶的方法大体相同，只是晒青程度不同。减重率 8% ～ 12%，青叶表面失去光泽，叶色转暗绿、顶二叶垂软为适度。晒青后将晒青叶移入做青间内晾青 30 ～ 60 分钟。

（3）做青。

对于不同天气、季节的鲜叶，摇青次数和摊青厚度要灵活掌握，俗称"看天做青和看青做青。"基本规律是：春茶含水率多，叶质肥厚，必须多摇；秋茶叶质较薄，则可少摇；雨水叶多摇、晴天叶少摇；北风天温度、湿度不高，摇青发酵进程慢，宜重摇，晾青宜厚堆；南风天天气闷热，温度、湿度高，宜薄摊、轻摇。摇青次数一般为 4 ～ 5 次，晾青时间逐渐加长，摊青厚度由薄至厚。做青适度：叶面凸出，成汤匙状，叶身柔软，叶面呈黄绿色，失去光泽，叶缘为银朱色，叶表呈红色斑点，青气消退，茶香显露，细胞破坏率在 20% 左右。

（4）堆青。

做青适度后，将青叶倒在洁净的大竹匾中进行堆积发酵。气温高于 24℃，堆成中间空四周厚的凹形，气温低于 24℃时，堆青叶上覆盖晒青布，保持叶温在 24℃～30℃。堆青时间 1～2 小时，呈"青蒂、绿腹、红镶边"，有浓郁茶香时即可杀青。

（5）杀青、揉捻。

杀青机筒温控制在 260℃～300℃，投叶量每筒 3kg～4kg，叶色由青绿转为暗绿、叶张皱卷，用手搓压杀青叶稍可成团，含水率在 60% 左右下机。下机后的杀青叶趁热揉捻，要求应以"快速、重压、短时"为原则，一般历时 5～8 分钟，茶汁挤出，初步成形即可下机，并及时初烘。

（6）初烘。

采用自动烘干机或手拉百叶式烘干机作业，初烘温度为 120℃，烘到六成干，初烘叶不黏手时，即可下机包揉造型。

（7）包揉造型。

初烘叶经摊凉后，按以下 2 道工序进行：①速包（反复 3～4 次），接着速包→平揉→松包（反复 4～5 次）；②炒热，速包（反复 3～4 次），接着速包→平揉→松包（反复 4～5 次）；③定型，松包，重复②工序 3～4 次。炒热是在温度 180℃左右的炒青机内进行，炒 3～4 分钟至茶叶软热。定型时间先短后长，逐次延长，最后一次定型 2 小时左右。

（8）干燥。

干燥采用自动烘干机或手拉百叶式烘干机进行，烘干温度为 100℃，均匀上叶，烘至足干，手捻茶叶成粉，即可下机摊凉。

（二）闽北乌龙茶加工技术

闽北乌龙茶外形条索壮结重实，叶端扭曲，色泽沙绿蜜黄，具有"三节色"的特征；内质香气浓郁清长，滋味醇厚爽口，回甘显；叶底肥柔，呈"绿叶红镶边"，汤色清澈呈橙红色。其加工工艺流程：有机鲜叶→晒青（萎凋）→做青→杀青→揉捻→干燥。

1. 鲜叶

鲜叶要求中、小开面 3～4 叶，嫩度一致、大小均匀，采摘时段为晴朗天气的 9 时至 16 时。

2. 晒青

将有机鲜叶薄摊于洁净的水筛上置于晒青架上进行日光萎凋，中间翻青 1 次，翻青后 2 筛并 1 筛。翻青时动作要轻。晒至减重率 10% ～ 15%，青叶表面失去光泽，叶色转暗绿、顶二叶垂软为适度。晒青后将晒青叶移入做青间晾青 30 ～ 60 分钟。

3. 做青

做青在兼有萎凋、贮青、晾青、摇青功能的综合做青机内完成。机筒内的温度保持 20℃～ 29℃，相对湿度 55% ～ 85%，摇青 5 ～ 7 次，摇青时间短，一般 3 ～ 5 分钟，采用间隔式吹风的方式晾青，要求"重晒、轻摇、摇次多、重发酵"，总历时 6 ～ 8 小时。做青适度：叶脉透明、叶面黄亮，叶缘呈现朱砂红，叶片三红七绿，叶缘向背卷，呈龟背状，青气消失，花香明显，减重率为 25% ～ 28%，含水率 65% ～ 68%。

4. 杀青

杀青多采用 110 型滚筒杀青机作业，温度控制在 280℃～ 300℃，投叶量 15 kg 左右，杀青时间约为 5 分钟，先闷后扬，多闷少扬，闷扬可通过排气扇控制。

5. 揉捻

下机后的杀青叶趁热揉捻，以快速、重压、短时为原则，一般历时 6 ～ 10 分钟，茶汁挤出，初步成形即可下机。

6. 干燥

干燥分毛火（初焙）、足火（复火）、吃火 3 道工序完成。初焙也称"走水火"，温度 110℃左右，时间 10 ～ 15 分钟，达七八成干时筛去碎末黄片，经 1 ～ 2 小时摊凉后进行复火，复火温度 80℃左右，时间 1 ～ 2 小时，足干后下机。吃火通常是在精制过程进行，温度控制在 110℃～ 150℃，时间 2 ～ 4 小时，形成闽北乌龙茶特有的火香。

第七章　有机茶包装与标志

第一节　有机茶的包装

一、有机茶的包装要求

有机茶包装除了具有一般常规茶叶包装要求外，在外观、功能、材料、方式上都有一定的要求。

（一）有机茶包装总要求

1. 保护功能

保护功能指在一定保质期限内能完整保持茶叶的形、色、气、味，保护茶叶不受损坏，不受潮，不串味，不发生变质。

2. 方便功能

有机茶的包装便于搬动和运输，便于仓库保管和堆垛，便于计数和检查，便于顾客携带和饮用，便于展销。

3. 文化性和商品性

文化性和商品性是指包装能提高茶叶的档次，促进茶叶的销售。这要在茶叶包装的印刷、造型设计、图案上考虑，融入茶文化内涵，同时提高商品的附加值，起促销作用。

4. 扼要的信息传递

茶叶生产者和消费者无法直接对话，而唯一联系二者的纽带是茶叶包装、茶叶名称、质量等级、产品标准号、净含量、厂名厂址、生产日期和保质期、批号、注册商标、条形码等。花茶需标注配料表。

5. 包装简单

包装简单指使用非必要的包装材料，避免过度包装。

（二）包装材料要求

有机茶产品的包装（含大小包装）材料，必须是食品级包装材料，主要材料有纸板、聚乙烯（PE）、铝箔复合袋、玻璃、牛皮纸、白板纸、内衬纸及捆扎材料等，主要容器有马口铁茶听、纸质茶听纸盒、铝罐、竹木容器、瓷罐等。

接触有机茶产品的包装材料必须符合食品卫生要求。所有包装材料必须不受杀菌剂、防腐剂、熏蒸剂、杀虫剂等物品的污染，防止引入二次污染。

接触有机茶产品的包装材料应具有防潮、阻氧等保鲜性能，无异味，并不得含有荧光染料等污染物。

包装上的印刷油墨、覆膜材料以及标签、封签中使用的黏着剂、印油、墨水等均须无毒。

包装材料的生产及包装物的存放必须遵循不污染环境的原则，实行"绿色包装"。禁用聚氯乙烯（PVC）、混有氯氟碳化合物（CFC）的膨化聚苯乙烯等作包装材料。对包装废弃物应及时清理、分类，进行无害化处理，达到环保要求。

（三）包装方式要求

包装推荐使用无菌包装、真空包装、充氮包装。

包装方式有箱包装、袋包装和小包装等，箱包装和袋包装主要用于大批量交货包装，有胶合板箱、木板箱和牛皮纸箱，箱外必须套麻袋等外包，茶箱内壁用 60 g 和 40 g 的牛皮纸，中间衬 0.016 mm 厚的铝箔进行裱糊以防潮。采用麻袋和纸箱进行装茶，内衬的塑料袋最好先用来装筋皮、毛衣茶，让低次茶吸收塑料异味后再使用，这样可大大减轻塑料异味污染茶叶。用麻袋作外包装，内衬的聚乙烯薄膜厚度不应小于 70 μm，袋的尺寸一定要内袋（塑料袋）略大于外套袋，这样，内袋不易破裂。小包装主要用于产品销售，多以罐包装、软包装形式接触茶叶，通常以多层礼品包装的形式出现。

出口大包装每箱净重幅度：10kg ～ 25kg，±0.1kg；25.1kg ～ 40kg，±0.2kg；40.1kg 以上，±0.25 kg。

小包装称重计量监督按国家市场监督管理总局 2005 年第 75 号令《定量包装商品计量监督管理办法》执行。

外销产品出厂均按顺序编制唛号。唛号由生产单位代号、年号、花色等级代号、批号组成。唛号纸加注件数净重，贴于箱盖或置于包装袋中。同批（唛）茶叶的包装、箱种、尺寸大小、包装材料、净重必须一致。

二、正确使用标签

标签是指有机茶包装容器上的一切附签、吊牌、文字、图形、符号及其他说明物。有机茶产品的包装标签应符合 GB 7718—2004《预包装食品标签通则》。根据通则规定，有机茶外包装标签必须标注以下各项基本内容。

第一，食品名称。在醒目位置清晰地标注反映产品真实属性的专用名称。当国家标准或行业标准中已规定了一个或几个名称时，应选用其中的一个，或等效的名称。

第二，配料表。有机茶基本上是由单一原料（鲜叶）制成，因此在标签上可不标明配料。但如果在加工过程中，添加茉莉花等其他原料，则必须按加入量的递减顺序——排列。

第三，净含量。必须标明包装容器中茶叶的净重量（g 或 kg）。在同一包装中如果含有几件小包装，并且分别包装几种茶叶时，则在注明总净重的同时，还应注明各种茶的小包装数量或件数。

第四、生产者、经销者的名称和地址。应标注该茶叶产品的生产、包装或经销单位经依法登记注册的名称和地址。

第五，日期标示和贮藏说明。应清晰地标注该包装内有机茶产品的生产日期（或包装日期）和保质期。日期的标注顺序为年、月、日。保质期的标注可以采用"最好在……之前饮用""……之前饮用最佳"或"此日期前饮用最佳……"的说明。也可采用"保质期至……"或"保质期……个月"的标注方法。

茶叶容易吸潮、吸异味、易受光照氧化等因素的影响而陈化劣变，因此应该在包装上介绍并注明贮藏方法，如"防潮""避光""密封"等方法，以确保有机茶产品的保质期。

第六，产品标准号。应标注企业执行的国家标准、行业标准、地方标准或经备案的企业标准的代号和顺序号。

第七，质量（品质）等级。如已在企业执行的产品标准中明确规定了质量（品质）等级的茶叶，必须在包装标签上标示质量等级。

第八，其他标注内容。《预包装食品标签通则》中还推荐在标签上标注以下内容：一是批号，由生产企业或分装单位自行确定方法，标明该茶的生产或分装批号。二是饮用方法，为指导消费者正确地饮用，可以在标签上标明容器的开启方法、饮用方法（如泡茶水温、茶水比例等），对消费者有帮助的说明。必要时可以在标签之外单独附加说明。

此外，商标及条形码也是包装上不可少的内容。商标在现代经济活动中起到越来越重要的作用，在某种程度上是企业和产品品牌的象征。因此，有机茶生产企业应积极申请注册商标，以免产生不必要的经济损失。条形码也是商品进入超级市场和国际市场的必要条件。因此，申请使用条形码也是非常必要的。

标签内容必须清楚、简单、醒目，不得以错误的、易引起误解的或欺骗性的方式描述或介绍产品。

第二节　有机茶的标志

一、中国有机产品认证标志图文意义

"中国有机产品标志"的主要图案由三部分组成，即外围的圆形、中间的种子图形及其周围的环形线条（图7-1）。

图7-1　中国有机产品标志

标志外围的圆形形似地球，象征和谐、安全，圆形中的"中国有机产品"字样为中英文结合方式，既表示中国有机产品与世界同行，也有利于国内外消费者识别。

标志中间类似种子的图形代表生命萌芽之际的勃勃生机，象征有机产品是从种子开始的全过程认证，同时昭示有机产品就如刚刚萌发的种子，正在中国大地上茁壮成长。

种子图形周围圆润自如的线条象征环形的道路，与种子图形合并构成汉字"中"，体现出有机产品植根中国，有机之路越走越宽。同时，处于平面的环形又是英文字母"C"的变体，种子形状是字母"O"的变形，意为"China Organic"。

绿色代表环保、健康，表示有机产品给人类的生态环境带来完美和协调。橘红色代表旺盛的生命力，表示有机产品对可持续发展的作用。

二、有机茶标志图文意义

有机茶标志是由中国农业科学院茶叶研究所设计，图案由地球和茶树芽叶组成。茶树芽叶白色，意指纯洁未受污染、高品质的茶叶及茶制品。地球绿色，意指通过有机农业生产，保护了生态环境，防止了污染，保护地球常绿（图7-2）。

图7-2 有机茶标志

有机茶标志是杭州中农质量认证中心（原中国农业科学院茶叶研究所有机茶研究与发展中心，英文简称OTRDC）的机构标志，已经过国家认证认可监督管理委员会的审核登记和工商注册。

三、有机产品认证标志和有机认证机构标志的区别

有机产品认证标志是证明产品在生产、加工和销售过程中符合GB/T 19630.1—2011《有机产品》国家标准并且通过认证机构认证的专用图形，由中国国

家认证认可监督管理委员会（简称认监委，英文缩写CNCA）统一设计发布。只要是国家认监委批准的合法认证机构认证的有机产品，均可使用有机产品标志。

认证机构标志是认证机构的代表符号，与认证机构名称、英文缩写等一起构成认证机构的标志。不同的认证机构有不同的机构标志，图7-2所示的有机茶标志就是杭州中农质量认证中心的机构标志。有机认证机构标志仅用于按照有机产品国家标准生产或者加工并经该认证机构认证的产品，且认证机构的标志或者文字大小不得大于中国有机产品认证标志和中国有机转换产品认证标志。

四、正确使用有机产品认证标志和有机茶标志

根据《有机产品》国家标准、《有机产品认证管理办法》和《有机茶标志管理章程》的规定，获证单位或者个人在使用有机产品认证标志和有机茶标志时应遵循下面几方面要求。

第一，有机产品认证标志和有机茶标志应当在有机产品认证证书限定的产品范围、数量内使用。有机茶标志只能用于杭州中农质量认证中心（原中国农业科学院茶叶研究所有机茶研究与发展中心，英文简称OTRDC）颁发的有机认证证书的茶叶产品。

第二，获证单位或者个人可以将有机产品认证标志和有机茶标志印制在获证产品标签、说明书及广告宣传材料上，并可以按照比例放大或者缩小，但不得变形、变色。

第三，获证单位或者个人，应当按照规定在获证产品或者产品的最小包装上加注有机产品认证标志。同时在相邻部位标注有机茶标志或者机构名称，其相关图案或者文字应当不大于有机产品认证标志。

第四，为能够合理规范地使用认证标志，OTRDC统一制作了印有特定年份的有机茶数码防伪标签，标签上同时印制有有机产品认证标志和有机茶标志，而且具有数码防伪查询功能，供获证单位或者个人加贴在销售的有机茶的外包装上。各获证单位或者个人每年向OTRDC提出申领有机茶数码防伪标签，OTRDC根据其认证的有机茶产量进行核发有机茶防伪标签申领表。

第五，未获得有机认证的产品，不得在产品或者产品包装及标签上标注"有机产品""有机转换产品""有机茶""有机转换茶"和"无污染""纯天然"等其他误导公众的文字表述。

第六，用于出口的产品，根据国外有机标准或国外合同购货商要求生产的有机茶产品，可以根据该国家或合同购货商的有机产品标志要求进行标识。

五、使用中国有机产品标志和有机茶标志的条件

中国有机产品标志和有机茶标志是用来证明茶叶的生产、加工、贮藏、运输和销售符合 GB/T 19630.1—2011《有机产品》国家标准和《有机茶》农业行业系列标准的专用标识。

（一）使用中国有机产品标志和有机茶标志的条件

第一，凡根据有机茶标准进行生产和加工的红茶、绿茶、乌龙茶、白茶、紧压茶、花茶、速溶茶、即饮茶、茶叶提取物及药茶等茶叶产品，都可以向杭州中农质量认证中心（原中国农业科学院茶叶研究所有机茶研究与发展中心，英文简称 OTRDC）提出申请，经产品检测和生产过程检查符合有机认证标准要求，并经合格评定颁发有机认证证书后，才能使用中国有机产品标志和有机茶标志。

第二，中国有机产品标志和有机茶标志使用必须建立在"有机茶原料"和"有机茶加工"均获得有机认证的基础上。也就是说，申请单位的茶园和加工厂必须符合有机认证标准的要求，通过 OTRDC 的有机认证，获得"有机茶原料证书"和"有机茶加工证书"后，方可获得"标志准用证"，准许使用中国有机产品标志和有机茶标志。如果只通过单一的茶园认证或加工厂认证，在其茶叶终产品上均无权使用中国有机产品标志和有机茶标志。

第三，中国有机产品标志和有机茶标志的使用只能在认证证书限定的产品种类、产品数量和期限范围（证书有效期）内使用，不得随意扩大使用范围。

第四，有机认证证书有效期 1 年。每年需重新申请认证，经认证检查合格重新获得证书后，方可继续使用有机产品标志和有机茶标志。有机茶证书有效期满后未重新获得认证的，不得继续使用标志。

第五，获得有机认证（持标志准用证）的单位或个人有权在有机茶的标签、包装、广告、说明书上使用中国有机产品标志和有机茶标志，并可使用"不使用人工合成的肥料、农药、生产调节剂、食品添加剂"的字样。

第六，任何获得有机茶认证的单位或个人都不得将中国有机产品标志和有机茶标志的使用权私自转让给其他单位或个人。

（二）违规的责任承担

第一，已经授予有机茶证书的产品，经市场跟踪审查，如发现超出使用规定范围或者质量不符合认证质量要求而使用有机产品标志和有机茶标志销售的，则报请有关执法部门立即责令停止该产品销售，没收责任方相应的违法所得，并处以罚款。

第二，产品未经认证而使用有机产品标志和有机茶标志进行销售，则依法由有关执法部门责令其停止销售，没收责任方违法所得，并处以罚款，同时追究该企业负责人的相关责任。

第三，凡违反使用中国有机产品标志和有机茶标志相关管理规则而引起的经济责任，由使用者无条件承担。

第四，获证单位或者个人发生下列情形之一的，OTRDC 将作出暂停、撤销其认证证书的决定，获证单位或者个人在恢复认证状态前不得使用有机产品标志和有机茶标志，对申领的有机茶防伪标签进行暂时封存或者销毁：一是获证有机茶不能持续符合标准、技术规范要求的；二是获证单位或者个人发生变更的；三是有机茶生产、加工单位发生变更的；四是产品种类与证书不相符的；五是未按规定加施或者使用有机产品标志和有机茶标志的。

第五，加施认证标志的产品出厂销售不符合有机产品质量标准要求的，生产企业应当负责包换、包退，必要时实行产品召回程序。给消费者造成损害的，生产企业应当依法承担赔偿责任。

第八章 有机茶运输与销售

第一节 有机茶的贮藏和运输

一、有机茶对贮藏的要求

有机茶的贮藏，除了必须严格遵守《中华人民共和国食品卫生法》中关于食品贮藏的规定，还必须严格禁止与化学合成物质接触，严禁与有毒、有害、有异味、易污染的物品接触。

有机茶与常规茶叶等产品必须分开贮藏。有条件的，要设有机茶专用仓库，仓库必须清洁、防潮、避光和无异味，保持通风干燥，周围环境要清洁卫生，远离污染源。

贮藏有机茶必须保持干燥，茶叶含水量必须符合要求。仓库内配备除湿机或其他除湿材料。用生石灰及其他可用作有机茶防潮材料防潮除湿时，要避免茶叶与生石灰等防潮除湿材料接触，并定期更换，禁止采用化工合成除湿剂除湿。提倡低温、充氮或真空保存。

入库的有机茶标志和批号系统要清楚、醒目、持久，严禁受到污染、变质以及标签、唛号与货物不一致的茶叶进入仓库。不同批号、日期的产品要分别贮藏。建立严格的仓库管理档案，详细记载出入仓库的有机茶批号、数量和时间。

以下介绍两种先进的贮藏保鲜技术。

（一）抽气充氮包装保鲜技术

抽气充氮包装保鲜技术是采用氮气来置换包装袋内的空气，取代活性很高的氧气，从而达到阻止茶叶化学成分与氧的反应，防止名优茶的陈化和劣变。

另外，氮气本身也具有抑制微生物生长繁殖的功能，从而达到防霉保鲜的目的。据中国农业科学院茶叶研究所试验，采用铝箔包装袋充氮包装绿茶，经 6 个月贮藏，维生素 C 含量可保持 96% 以上，保鲜效果十分显著。很多研究也证明充氮包装的保鲜效果最佳。

充氮包装，首先将袋内空气抽掉，形成真空状态，然后充入氮气，最后严密封口。全过程以专用的抽气充氮包装机来完成。

充氮包装保鲜方法也有不足之处：①充入惰性气体后，包装容器（如复合薄膜袋）略为膨胀，体积增大，增加了外包装箱的体积。②膨胀包装袋承受重压易破裂漏气，从而失去保鲜作用。在充气操作过程中，一定要注意包装袋密封的可靠性，并防止真空不足（抽气未尽）或充氮不足及漏气现象发生。

（二）真空包装保鲜技术

真空包装是采用真空包装机将袋内空气抽出后立即封口，使包装袋内形成真空状态，从而阻止了茶叶氧化变质，达到保鲜的目的。

由于茶叶疏松多孔，表面积较大，且由于设备操作因素，一般很难将空气完全排尽，因而真空状态的包装袋收缩成硬块状，对茶叶的外形完整会产生一定的影响。

不管是充氮包装还是真空包装，选用的包装容器必须是阻气（阻氧）性能好的铝箔或其他两层以上的复合膜材料，或铁质、铝质易拉罐包装。

二、有机茶冷藏贮存

采用低温冷藏贮存有机茶，不仅可使茶叶处于低温条件，防止茶叶有效成分发生变化，而且库内避光，空气相对湿度容易控制，这给茶叶创造了良好的保鲜环境条件，可以大大延长茶叶的保质期，只要茶叶本身含水量合适，保质期可达 1 年以上。实践证明，采用低温冷藏是解决茶叶保鲜问题的最有效途径。目前有机茶生产上越来越多地采用冷库来冷藏茶叶。

茶叶冷库通常有组合式和土建式两种类型：一种是组合式冷库，是制冷设备和冷库库房做好一个整体系统，外形似一大型冷柜，库房容积有多种规格，温度可以自由选择，库房结构合理，保温性能好，安全方便，适宜于名优茶开发经营单位选用；另一种是土建式冷库，是将制冷库房及机房用建筑材料建造，库容量可大可小，制冷设备现场安装调试。

有机茶进行冷藏保鲜需要注意以下几个方面：

一是控制冷藏库温、湿度。冷库的工作温度通常以 4℃～6℃为宜，空气相对湿度应保持在 65% 以下。当使用过程中库内湿度超过 65% 时，应及时进行换气排湿。故冷库必须设置除湿装置。

二是控制入库时间。选择在高温高湿季节到来之前，春季有机名优绿茶应于 5 月中下旬前入库。

三是包装材料的选择。密封性能是材料选择的首要因素。长期冷藏的大包装，选用纸箱内衬聚乙烯方底袋；陆续出售的小包装，选用铝箔复合袋，效果最好。

四是掌握出库时间。尽可能避免在高温季节频繁出库，因为库内外温差过大，因立即打开会使空气中的水分大量地凝结在茶叶上，容易导致出库茶叶急剧质变。出库后切忌立即打开，应有一个"温感"过程，即将密封包装的茶叶在阴凉处放置一段时间，使其与外界温度有一个适应过程。

五是大包装出库时应分装，最好与真空、充氮、脱氧小包装相结合。

三、有机茶包装中保鲜剂的使用

茶叶包装中放入保鲜剂（脱氧包装）是一种低成本、高效果、较适合小包装的有机名优茶保鲜技术。脱氧包装是指采用气密性良好的复合膜或其他容器，装入茶叶后再加入一小包脱氧剂（或除氧剂），然后封口。脱氧剂是经特殊处理的活性氧化铁，该物质在包装容器内可与氧气发生反应，从而消耗掉容器内的氧气，一般封入脱氧剂 24 小时左右，容器内的氧气浓度可降低到 0.1% 以下。当容器内呈无氧状态时，氧化反应就自动停止，但并非脱氧剂失去活性，当薄膜渗入微量氧气时，仍能发生反应吸收掉这些氧气，所以能在很长时间内保持茶叶处于无氧状态。采用脱氧包装的绿茶，在香气、滋味品质上略优于充氮包装。维生素含量在 80 天后基本上无变化，而充氮包装则保留 84.6%。

中国农业科学院茶叶研究所研制生产的 FTS 系列茶叶专用保鲜剂，是适合有机茶、名优茶专用的脱氧剂，具有使用方便、效果显著、价格低廉的优点，在生产上已被广泛应用。使用保鲜剂时必须注意保鲜剂的出厂日期及有效期，过期的保鲜剂没有保鲜作用。

四、有机茶在运输过程中的保护

有机茶作为一种高品质、安全、健康的饮品，保证有机茶在运输过程中不受污染是一个不可忽视的环节。为了确保有机茶在运输过程中不受污染，必须做到以下几点：

第一，运输有机茶的工具必须清洁卫生、干燥、无异味。严禁与有毒、有害、有异味、易污染的物品混装，混运。

第二，装运前必须进行有机茶的质量检查，在标签、批号和货物三者符合的情况下才能运输。填写的有机茶运输单据，要字迹清楚，内容正确，项目齐全。

第三，运输包装必须牢固、整洁、防潮，并符合有机茶的包装规定。在运输包装的两端应有明显的运输标志，内容包括：始发站和到达站名称，茶叶品名、重量、件数、批号系统，收货和发货单位地址等。

第四，运输过程中装叠必须稳固、防雨、防潮、防暴晒。装卸时应轻装轻卸，防止碰撞。

五、有机茶在贮运过程中的记录

有机产品的质量审定不仅要对产品进行必要的检测，更重要的是审查产品在生产、加工、贮藏、运输和销售过程中是否可能受到各种污染的影响，是从土地到餐桌的全过程控制。有机生产者必须建立一套可追溯的质量跟踪记录系统，来体现并向认证机构表明这种全过程控制，一旦发现质量等问题，立即可通过这一套质量跟踪记录系统，追查到全过程的某个环节。这也是有机茶区别于常规茶的一个显著特点。

质量跟踪记录系统是记载从茶树种植、茶园管理、茶叶采摘，到茶叶加工及包装、运输、贮藏和销售全过程的文字、数据和图像等资料。是有机生产的证据，是评估符合有机标准的重要依据，是生产者提高管理水平的重要依据。作为整个有机茶生产中的必不可少的环节，贮藏与运输过程也必须建立好档案记录。

在茶叶贮运过程中必须详细记录被贮运的茶叶生产日期、茶叶等级、检验单、入库单、仓库号、堆垛位置、贮藏温度、贮藏湿度、出货单、运输单证、运输车辆、运输路径、盛装器具、盛装方式、数量、茶叶等级、批次、经办人等。

第二节　有机茶的销售

一、有机茶销售环节的重要作用

有机茶作为标准最高、安全的茶产品，要经过从茶叶生产、加工销售各环节，才能保持整个过程的有机完整性,体现有机茶从"茶园到茶杯"的全程质量控制。有机茶是使消费者放心、健康、安全的有机产品。有机茶销售环节是指有机茶从产品投放市场,到消费者的一个过程,是整个有机茶过程的最终端。在农业行业标准《有机茶》和国家标准《有机产品》中,为保证有机茶的完整性和质量都对有机茶的销售提出了明确的要求。因此必须重视有机茶销售环节的管理,否则将导致违规操作和前功尽弃的结果,最终影响企业的经济效益,损害消费者的利益。

同时,有机茶适应人们日益增长的安全、健康、环保意识,正受到消费者的青睐,作为连接企业与消费者的销售环节,关系到企业的市场,消费者对企业产品的认知度,因为质量是企业的生命,而市场是企业发展的动力。杭州中农质量认证中心(原中国农业科学院茶叶研究所有机茶研究与发展中心,OTRDC)为进一步保证有机茶的完整性和产品质量,经过多年的探索,通过对有机茶销售认证,促进了有机茶销售市场的健康发展,使相关产品的知名度得到了进一步提升,企业获得了进一步发展。

二、对有机茶销售店的要求

有机茶从生产、加工,到产品的销售,需要经过销售店这个环节,也是整个有机茶管理过程的最后一个环节,它对于有机茶的质量、企业的经济效益、有机茶在消费者中的印象和概念,乃至整个有机茶市场的发展都有着十分重要的作用。目前国内有机茶的销售大部分是通过茶叶经销商来完成的,作为有机茶销售店应满足下列要求:

第一,有经工商部门注册的营业执照(包括注册资本,经营范围,法人代表等),税务部门的税务登记,卫生行政部门颁发的卫生许可证。所经销的有机茶必须是经过企业食品生产许可 QS 认证的产品,同时还应通过有机茶中心的"有机茶销售商"认证,另外包装物上印刷的销售店地址、邮编、电话、传真等必须清楚。

第二,销售店应选择相对方便、人口较为集中的城镇,并且周围无垃圾场、厕所及生产有毒、有害化学物质的场所。

第三,有机茶销售专柜以及仓库(或保鲜库)、样品陈列柜、计量设备(应有"计量合格证")和整个场地等必须清洁、明亮整齐,禁止吸烟和随地吐痰。

第四,室内建筑材料及配套设施必须无毒,无异味;洗手池及用于品茶的茶杯、茶具和盛装有机茶的容器必须清洗干净,严格消毒,保持干燥。

第五，有机茶销售店必须配备有机茶专用的包装间和包装设备。

第六，接受技术质量监督部门的产品检查，认真对待消费者的意见和投诉，必要时应建立产品召回制度。

三、茶叶店对有机茶和常规茶的销售

有机茶受相关标准和消费者认知度等因素的影响，目前销售的有机茶在数量、品种上还不是很多，销售情况也还不是很好，因此全部只销售有机茶的专卖店不多。目前绝大多数茶叶销售店都是既销售常规茶又销售有机茶，在此情况下，应该做到：一是至少有一个经有机茶中心认证的有机茶销售专柜，这个专柜由有机茶中心统一编号，按统一的格式进行标识，所销售的有机茶样品应集中放在此专柜中，并将有机认证证书摆放在专柜的显著位置上。二是有机茶与常规茶应分开贮藏，不得混放在一起。确实无法分开、需要在同一区域内贮藏时，则必须在此区域内设立有机茶贮藏区，采取划线、定址堆放和物理隔离的方法进行区分，并用"有机茶贮藏区"字样予以标识。三是单独建立有机茶的验收、入库、出库、出售、市场抽查各环节的记录。四是有机茶必须以包装茶出售，不得以散装茶出售，严禁与常规茶拼合后作为有机茶销售。五是常规茶的销售则按现有的销售形式进行即可。另外，只有一些集生产、加工、销售为一体的，不收购外来茶叶拼配、销售且全部销售有机茶的企业，在通过有机茶中心的茶园、茶叶加工厂、茶叶销售商有机认证后才能作为销售有机茶的专卖店。

四、有机茶在销售店拆包零卖时的注意事项

根据饮茶习惯和"眼见为实"的购买心理，有机茶在销售时，往往需要现场拆包零卖。此时，为避免可能产生的污染，保证有机茶的完整性和质量，应做到：零卖的包装材料必须是食品级包装材料，包装应简单、实用，避免过度包装，尽量做到材料应能回收再利用，并在包装上加贴"有机茶"标志，包装拆开后，应尽快销完，不宜久放；或者放入有机茶专用容器中，以防变质；严禁将非有机茶或非同一等级的有机茶拼装；在有机茶专用计量器具上称量，严禁短斤缺两，其净重误差应在标准允许的范围内；严禁将非茶类异物混入。及时做好销售记录，在包装上注明生产或加工单位的名称、地址、认证证书号及生产日期和保质期。

五、销售有机茶的交易证明

有机茶的交易证明是指从事有机茶生产供货单位与有机茶销售单位之间所发生的交易而需要到有机茶中心开具的一种证明，同时按 NY 5196—2002《有机茶》标准和 GB/T19630.1—2011《有机产品》标准的规定，销售单位要把好进货关，供货单位应提供有机茶交易证明，拒绝接受证货不符或质量不符合有机茶标准的有机茶产品，这也是有机认证机构对有机茶生产单位的有机茶数量进行监控的一种方法。开具交易证明需提供以下条件：买方的营业执照复印件；买方的营业地址；买卖双方的供货协议；销售发票（调拨单）；产品的生产时间；卖方的商标、产品、品名、规格、等级、数量和包装形式。

在一些有机农业发达的国家，有机产品供货商向有机产品贸易商供货时，都必须有认证机构核发的有机产品交易证明，以确保数量和质量的真实性。因此有机茶的交易证明也符合国际上的通用做法。

六、销售有机茶人员的要求

有机茶作为一种时尚、健康和环保的新型产品，近几年才进入消费者视野。它适应了人们对饮茶安全性的客观需求，因此作为销售有机茶的人员，首先要了解、熟悉有机茶的准确定义和有机茶产品的特点，向消费者客观、真实、准确地宣传、介绍有机茶的知识和良好性能；不以诋毁他方或恶意降价等不正当方式争揽客户。其次是每个销售人员应持有健康合格证，了解国家相关的法律法规，遵守企业规定的各项制度，特别是有关销售方面的制度，经常性地保持销售场地、营业柜台、周围环境的清洁卫生，销售人员服装整齐，举止文雅，礼貌待客，做好有机茶的销售台账。最后，销售人员应对所出售的有机茶随时检查，若发现变质、异味、过期等不符合标准的有机茶要立即停止销售，并及时向主管领导汇报，说明情况。在营销过程中对茶叶质量有异议时，应及时对留存样进行复验，或在同批产品中重新按 GB/T 8302—2013《茶取样》规定加倍取样，对有异议的项目进行复验，以复验结果为准。如意见仍不一致，可以封存茶样，委托上级部门或法定检验检测机构进行仲裁。

七、有机茶认证证书的摆放

随着人们对食品安全性要求的不断提高，对茶叶消费的安全性和真实性也同样越来越受到消费者的关注。因此，有机茶已成为当前茶叶消费的一个热点，同时在市场上一些假冒"有机茶"，以及一些"无污染茶""纯天然茶"等概念不清的茶叶也时有出现，扰乱了有机茶市场，误导消费者。为了防止假冒"有机茶"，维护获证企业的正当权益，规范市场，保证有机茶的真实性，使消费者能买到真正的有机茶，一方面除在有机茶包装上加贴由认证机构核发的"有机茶标志"外，有机茶销售企业应设立有机茶销售专区或有机茶陈列专柜，将有机茶集中在一个区域内或一个专柜陈列销售，并在显著位置摆放有机茶认证证书，同时标注"有机茶销售专区"或"有机茶销售专柜"字样，以便消费者一目了然。另一方面也能接受政府有关部门和认证机构的监督。有机茶认证证书在必要时，应向消费者提供复印件。

八、经营场所位置图的绘制

经营场所是进行有机茶销售的基本条件，应具有使用的合法性及相关证明文件（包括营业执照等）。经营场所的位置图包括有机茶销售店的内部布局图和所在的方位图，是整个有机茶管理体系的一项内容。在《有机产品》GB/T 19630.1—2011 管理体系中明确提出"有机生产、加工、经营管理体系的文件应包括：生产基地或加工、经营等场所的位置图，应按比例绘制生产基地或加工、经营等场所的位置图"。同时也是认证机构对有机茶销售商进行认证的依据之一。在位置图中，应至少标明以下内容：所在的具体地理位置、面积、有机茶销售区和非有机茶销售区、包装间、贮藏区（仓库）、洗手池、消防用具、周边环境、与实际的比例尺。

九、有机茶的销售记录

按 NY5196—2002《有机茶》标准和 GB/T19630.1—2011《有机产品》标准的规定，在进行有机茶销售时，必须要做好有机茶的销售记录。它是有机茶质量跟踪检查系统的一个重要环节。若销售的有机茶有质量问题时，应首先从销售记录着手来进行质量跟踪。一般用表格的形式来建有机茶的销售记录表，其内容主要有：原料详细情况和销售详细情况。原料详细情况应记录：原料来源（日期、地块号）、茶叶品名、生产批号、数量、负责人；销售详细情况应记录：日期、品名（与所生产的批号相一致）、规格、等级、数量、买方、销售人员。其次，应及时做好有机茶的销售统计、填写日报表、每日汇总一次。

第九章　有机茶生产的认证和管理

第一节　有机茶的认证

一、有机茶申请认证程序

有机认证属于产品认证的范畴，虽然各认证机构的认证程序有一定差异，但根据《中华人民共和国认证认可条例》《有机产品认证管理办法》和相关认可准则 CNAB-AC23：2004《〈产品认证机构通用要求〉有机产品认证的应用指南》的要求以及国际通行做法，有机产品认证的程序基本相同。

有机茶生产是非政府的企业行为，有机茶的认证是完全出于自愿。因此，凡从事有机茶种植、加工和贸易的企业及个人，自认为种植、加工和贸易等已符合有机茶生产、加工和贸易条件的均可自愿申请有机茶认证。根据国际有机农业运动联盟（IFOAM）有机食品生产和加工基本标准和欧盟 EEC2092/91 有机食品认证规定的要求，认证机构通常每年至少对有机种植、加工和贸易等过程进行一次审查，并进行必要的不通知检查。在认证机构检查员进行审查前，申请者必须向认证机构提交相应的认证材料。

（一）申请有机茶园认证应提交的材料

（1）前3～4年的茶园种植史（茶树品种、种植面积、产量、投入物质等）。

（2）当前茶园的种植情况（包括地块和种植分布图、品种、面积、本年度种植活动图或表等）。

（3）有机茶生产和管理的转换计划（茶园培肥计划、病虫草害防治方案、水土流失保持措施、畜禽养殖计划，以及收获、包装和运输方式等）。

（4）对有机茶园系统物质投入的说明（肥料和农药来源等）。

（5）常规茶园向有机茶园的转换计划。

（6）当年申请认证的有机茶园面积、预计鲜叶产量。

（二）申请有机茶加工厂认证应提交的材料

（1）茶叶加工厂基本情况（包括加工厂注册情况和加工厂平面图等）。

（2）原料来源，是否通过有机认证。

（3）有机茶产品在加工过程中执行的标准（国家标准、行业标准或企业标准）。

（4）有机茶在加工过程中质量保证体系（虫害控制、清洁卫生、记录档案、生产批号、出入库登记和废弃物治理状况等）。

（5）有机茶的包装、贮藏和运输情况（包括样本和标签等）。

（6）有机茶加工的质量管理措施。

（三）申请有机茶贸易认证应提交的材料

（1）贸易公司基本情况（包括注册情况和出口许可证等）。

（2）有机茶产品来源，生产、加工过程是否通过认证。

（3）贸易流转程序。

（4）贸易过程中质量保证体系（出口贸易发票、出口货物运输单据、动植物检验单、集装箱检验单、提货单等）。

（四）申请有机茶认证的程序

有机茶的认证程序，一般都必须经过申请、检查和颁证这三个阶段，有的情况下还要进行预检。

1. 预检

申请者选定茶园基地后，则自行采样预检。样品采集要求具有代表性，即多点采样，其中土壤样品要求采集 0cm ～ 40cm 土层的上、中、下 3 点。茶叶样品主要检测卫生指标，如铜、铅和农药残留等；土壤样品主要检测铜、铅等重金属元素。

2. 申请

（1）申请者向有机产品认证机构提出申请，索取申请表，并将填写好的申请表返回认证机构。

（2）有机产品认证机构根据申请者的申请表所反映的情况决定是否受理。如同意受理，则书面通知申请者，并将全套调查表及有关资料邮寄给申请者。

（3）申请者将填写好的调查表返回有机产品认证机构。认证机构对返回的调查表进行审查，若没有发现明显违背有机茶标准的情况，将与申请者签订审查协议。一旦协议生效并确认申请者已经支付相关费用后，认证机构将派出检查员，对申请者的茶园、茶叶加工厂和贸易情况进行实地检查，并采集样品。

（4）申请者在递交调查表或在接受检查时，应全面地向有机产品认证机构提供相关的证明材料。这些材料包括茶树品种、产量、投入物的用量和使用日期及方法、病虫害管理、修剪、采摘记录等；茶类、加工工艺及流程、产品批号、入出库记录、运输、销售记录等；土壤、鲜叶、商品茶分析记录等。

3. 检查

（1）认证检查：有机产品认证机构在受理申请后，对申请者所申请的内容进行现场检查，以评估其是否达到颁证标准。同时现场采集土壤样品和茶叶样品供检测。检查必须在生产季节进行。对茶园的检查面积不得少于申请颁证面积的 2/3。

（2）不通知检查：为了防止违背有机茶种植和加工的行为，保证产品符合有机茶质量标准的要求，保护消费者的利益，有时还进行不通知检查，也就是通常所称的飞行检查。

4. 颁证

颁证委员会根据检查员编写的检查报告、相关的调查表和证明材料，对照有机茶颁证标准，评估申请者是否符合有机茶标准，作出同意颁证、有条件颁证、拒绝颁证和有机转换颁证的决定。

（1）同意颁证：如果申请者完全符合有机茶标准，将获得有机茶园、茶叶加工厂和贸易证书。

（2）有条件颁证：如果申请者能基本达到有机茶标准，但有必要作若干改进时，在收到申请者愿意对要求改进之处的书面承诺以后，可以获得有机茶园、茶叶加工厂和贸易证书。

（3）拒绝颁证：申请者如达不到有机茶标准，颁证委员会将拒绝颁证，并向申请者提出转化的建议。

（4）有机转换颁证：如果申请者的茶园前 3 年曾经使用过禁用物质，但在 1 年前就开始按照有机生产要求进行转换，并且计划一直按照有机方式进行生产，则可颁发有机转换茶园证书。从有机转换茶园收获的鲜叶，按照有机方式进行加工，可作为有机转换产品进行销售。

5. 其他事项

（1）从初审到获得证书一般需 3 个月的时间。

（2）只有在双方签订认证审查协议书并收到有关费用后，有机产品认证机构方可派出检查员。

（3）若认证委员会审议后拒绝认证，所缴纳的费用不予退款。

（4）有机产品认证的证书有效期为1年，第二年及以后每年必须重新申请、检查和审议。

二、有机茶认证检查程序

目前国内外各认证机构对有机认证现场检查的流程、检查的重点、检查的方式等差异比较大，有的偏重于现场过程的检查，有的偏重于质量保证体系的检查，以至于各认证机构在互认认证结果时存在较大困难，从一定程度上说，统一检查的尺度甚至难于对认证依据的统一，其原因在于缺少一个统一的指导有机产品认证现场检查的指南。当前，通常以ISO19011《质量和（或）环境管理体系审核指南》的原则和方法指导有机产品认证的检查活动。

（一）检查的启动

认证机构接受认证申请后，应根据申请认证组织及产品的特点和性质，任命一个有资质的检查组并确定检查组长，对申请认证的有机茶生产、加工、销售活动及管理体系实施审核。

检查组通常由检查组长和检查员组成。需要时还可包括待检查领域的技术专家、实习检查员、高级检查员。委派的检查员应征得申请者同意，但申请者不得选择或推荐检查员，检查员不能对检查项目实施连续3年或3年以上的检查。

确定检查的目的、范围和准则。检查的目的由检查委托方确定；界定被检查方认证的产品、过程、场所及部门，以确定对质量管理体系要素、活动和场所进行检查和审核；检查的依据是GB/T 19630.1-2011、相关国家法律法规、行业惯例、标准、程序、方针。

同受检查方建立正式或非正式的接触，提供审核组的信息，审核日程的安排等，以便双方做好准备，必要时可以预评审，但通常是由申请者与认证机构商定，且检查与预评审应由不同人员执行。

（二）文件审核

在接受认证机构的委托之后，检查组要对即将实施的认证检查进行整体的策划，对各阶段的工作目标、活动等计划作出周密的安排，使得全部检查活动能够有条不紊地展开。

　　检查组人员应仔细检查和阅读认证机构移交的文件资料，熟悉申请者的情况。多数情况下，认证机构在委托现场检查任务的同时，也将文件审核的任务委托给从事现场检查的检查组，但也可由认证机构委托专人作文件评审。无论如何，检查组应把文件审核与检查前的准备工作有机地结合起来，在对申请者递交的有机产品认证所需要的文件资料的符合性、完整性、充分性进行审核和基本判定的同时，也熟悉了申请者基本情况。文件审核时应重点了解申请认证的地块或场所的分布情况、产地环境条件、茶树品种、加工茶类及其销售状况、以往的产品质量和卫生检测情况，还应重点关注支撑有机产品质量的有机茶生产技术规程、有机茶加工操作规程、与保持有机完整性有关的基本情况及其控制程序，以及法律法规的基本要求等。对于不明确或者有疑问的地方，应及时与申请者沟通予以澄清。

（三）现场检查活动的准备

　　现场检查活动准备的一项重要工作是编制现场检查计划，与申请方确定检查日期，并在现场检查日期之前将检查计划以书面形式通知申请方，请申请方做好各项准备，配合现场检查工作。

　　检查计划编制应当充分考虑茶叶生产的特点编制检查计划。检查计划应包括检查依据、检查内容、访谈人员、检查场所及时间安排等。

　　检查时间应尽可能安排在茶叶生产时进行；对于茶叶种植基地的首次检查，应进行不少于2/3茶叶种植基地（茶场）范围的检查；对种植基地（茶场）的年度检查以及茶叶加工厂的认证检查，检查时间应不少于4小时。

　　检查准备工作还包括备齐必要的资料和物品，如认证标准和相关法律法规、调查表、前一年的检查报告及认证建议等，还有必备的文具、相机、样品袋、标签等。

（四）现场检查活动的实施

　　现场检查的目的是根据GB/T 19630.1-19630.4-2011《有机产品》和NY 5196-2002《有机茶》等标准要求对申请者的管理体系进行评估，确认生产过程的操作活动与申请者向认证机构所提交的文件资料的符合程度；确定生产过程的操作活动与标准的符合程度。

　　在首次会议或见面会上，检查组应向受检查方明确检查的目的、范围、依据及检查的方法和程序，就检查计划与申请方进一步沟通并予以确认，请申请方确定作为向导、桥梁和见证作用的陪同人员，确认检查所需要的资源，向申请方作出保密承诺，向申请方说明改进建议、不符合项、认证推荐等规定。

检查组的工作主要是在申请方现场对照检查依据检查有机茶生产和加工、包装、贮藏、运输等全过程及其场所，核实保证有机茶生产过程的技术与管理措施，核对有机茶产品检测报告，收集相关技术文件和管理体系文件，进行风险评估，收集相关证据和资料。

对于初次认证，应重点检查质量管理体系和投入物的使用。

对于年度复查，应侧重于认证机构提出改进建议的执行情况和质量跟踪体系等。

（五）检查报告的编写

现场检查完成后，检查组根据现场检查情况，公正、客观和全面地撰写关于认证要求符合性的检查报告。检查报告应对认证标准的满足程度、检查过程中收集的经营者提供的适当有效的信息和任何不符合项的说明等相关方面进行描述。认证机构还要求在检查报告中对照认证依据和判定规则，对有机茶生产和加工过程、产品质量、安全质量等作风险评估和对标准的符合性作出判定，提出是否予以颁证的推荐性意见。

在撰写检查报告的同时，检查组或检查员还应将现场检查中收集到的各种证据和材料进行整理，用以支持检查报告中所叙述的检查发现、观点和结论等。现场检查报告应得到申请者的书面确认。

第二节　有机茶管理体系

一、有机茶生产者需要建立的管理体系文件

为保证有机产品的完整性，有机产品国家标准要求，有机产品生产者在整个生产、加工、经营过程中必须建立管理体系，并进行有效控制和维护。有机茶生产者建立的管理体系文件，应包括以下内容：①有机茶生产单元或加工、经营等场所的位置图；②有机茶生产、加工、经营的管理手册；③有机茶生产、加工、经营的操作规程；④有机茶生产、加工、经营的系统记录。

有机产品国家标准对于管理体系各部分的具体要求都有严格的规定，尤其是系统记录，强调从源头输入至末端输出，包含生产、加工、经营、贮藏、运输全过程的完整、全面、清晰、准确的记录。

对于有机茶生产的指导规范性文件，要求各岗位所使用的文件应该是统一的，并且是最新的、有效的。为此应对文件实施有效的管理，做到以下几点：①在文件发布前进行审批，以确保其适宜性；②必要时对文件进行评审和修订，并重新审批；③确保对文件的修改和修订状态做出标识；④确保适用文件的有关版本发放到需要它的岗位；⑤确保文件字迹清晰，标识明确；⑥确保对规划（策划）和实施有机生产、加工和经营的所需的外部文件做出标识，并对其发放予以控制；⑦防止对过期文件的误用。如果出于某种目的将其保留，要做出适当的标识。

二、《有机茶生产、加工、经营管理手册》包括的内容

有机茶生产、加工及经营管理者应编制《有机茶生产、加工、经营管理手册》。管理手册是证实或描述有机茶管理体系的主要文件的一种形式，阐明企业的有机方针和目标的文件，是企业内部纲领性文件，是指导企业做好有机茶的内部规定。对于企业员工来说是法规性文件，应严格遵守。企业应编制《有机茶生产、加工、经营质量管理手册》，其中应包括但不限于以下内容：

（1）有机茶生产、加工、经营者的简介。

（2）有机茶生产、加工、经营者的管理方针和目标。

（3）管理组织机构图及其相关岗位的责任和权限。

（4）有机标识的管理。

（5）可追溯体系与产品召回。

（6）内部检查。

（7）文件和记录管理。

（8）客户投诉的处理。

（9）持续改进体系。

三、《有机茶生产、加工、经营操作规程》包括的内容

《有机茶生产、加工、经营操作规程》是有机茶生产企业针对茶叶生产关键环节而制定的，用以指导和规范有机茶生产、加工和销售过程中关键环节具体的技术操作程序和操作方法，是确保企业的茶叶生产、加工和销售过程中符合有机生产操作和有机标准的管理性文件，企业应制定并实施有机茶生产、加工、经营操作规程，操作规程中至少应包括以下内容：

（1）有机茶种植生产技术规程。

（2）防止有机茶生产、加工和经营过程中受禁用物质污染所采取的预防措施。

（3）防止有机茶与非有机茶混杂所采取的措施。

（4）有机茶收获规程及收获后运输、加工、储藏等各道工序的操作规程。

（5）运输工具、机械设备及仓储设施的维护、清洁规程。

（6）加工厂卫生管理与有害生物控制规程。

（7）标签及生产批号的管理规程。

（8）员工福利和劳动保护规程。

四、有机茶生产记录的建立

有机茶生产企业都应建立并保持完善的记录体系，它是有机茶生产、加工、经营活动全过程的主要有效证据，是有机茶可追溯性的基础。有机茶操作记录应是全过程的记录，主要包括但不限于以下内容：

（1）有机茶生产单元的历史记录及使用禁用物质的时间及使用量。

（2）种子、种苗等繁殖材料的种类、来源、数量等信息。

（3）肥料生产过程记录。

（4）土壤培肥施用肥料的类型、数量、使用时间和地块。

（5）病、虫、草害控制物质的名称、成分、使用原因、使用数量和使用时间等。

（6）所有生产投入品的台账记录（来源、购买数量、使用去向与数量、库存数量等）购买单据。

（7）有机茶收获记录，包括品种、数量、收获日期、收获方式、生产批号等。

（8）加工记录，包括原料购买、入库、加工过程、包装、标识、储藏、出库、运输记录等。

（9）加工厂有害生物防治记录和加工、贮存、运输设施清洁记录。

（10）销售记录及有机标志的使用管理记录。

（11）培训记录。

（12）内部检查记录。

有机茶企业对于有机茶生产、加工、经营的记录应清晰准确，并对记录实施有效的管理；记录应具备对相关活动、有机茶产品的可追溯性；记录要有专人负责保存和管理，便于查阅，避免损坏或遗失，同时对记录的标识、存放、保护、检索、留存和处置要做出明确的规定。

GB/T 19630.4—2011《有机产品第 4 部分：管理体系》明确规定，记录至少保存 5 年。

五、有机茶生产、加工、经营管理者需要具备的条件

为确保有机茶生产、加工、经营活动能够按照相关法律、法规和标准顺利进行，有机茶企业应具备与有机茶生产、加工、经营规模和技术相适应的物质和人力资源。对于有机茶生产、加工、经营活动负责的管理者，可以是一名或多名人员，但必须是该有机茶企业的主要负责人之一，如生产经理或分管生产的副总经理等。对管理者的具体要求是：

（1）了解国家关于农产品生产、茶叶加工、经营管理和国家其他及行业内的相关法律法规。

（2）了解与有机茶生产、加工、经营有关的《中华人民共和国国家标准：有机产品（GB/T 19630 1-19630.4-2011）》的章节、条款的要求。

（3）具备农业和茶叶生产、加工及经营的技术知识或经验。

（4）熟悉本企业的有机茶生产、加工、经营管理体系及相关过程。管理者不能仅仅是名义上的有机活动管理者，还必须熟悉本企业所进行的有机活动的管理体系和全过程。

六、内部检查员

（一）内部检查员应具备的条件

根据有机产品国家标准的要求，有机茶生产企业应建立内部检查制度，配备内部检查员。内部检查员是在有机茶生产活动的过程中，通过实施内部检查的方式，验证生产活动是否符合有机产品标准的人员。内部检查员应具备以下条件：

（1）了解国家关于农业和茶叶相关的法律、法规及标准的相关要求。

（2）必须经过专门的培训，掌握《中华人民共和国国家标准：有机产品（GB/T 19630 1-19630.4-2011）》《有机产品认证管理办法》和《有机产品认证实施规则》的规定和要求。

（3）具备茶叶生产、加工及经营管理方面的技术知识或经验。

（4）熟悉本企业的有机茶生产、加工、经营管理体系及全过程。

（5）担任内部检查员的人员不应是有机活动的直接管理者和生产者，在

实施内部检查时应确保独立性与公正性。

（二）内部检查员的职责

有机茶企业需建立内部检查制度，以定期验证企业所进行的有机活动管理和有机生产、加工及经营等活动本身是否符合国家相关法律、法规和标准对有机茶生产的要求。

内部检查由内部检查员实施，内部检查员应具备相应的资质，并相对独立于被检查方。内部检查员的职责是：

（1）实施内部检查工作。内部检查员应按照内部检查制度的规定，根据 CB/T 19630.4—2011《有机产品第 4 部分：管理体系》对企业的管理体系进行检查，根据 GB/T 19630. 1—2011《有机产品第 1 部分：生产》、GB/T 19630.2—2011《有机产品 第 2 部分：加工》和 GB/T 19630.3—2011《有机产品第 3 部分：标识与销售》对企业的生产、加工及经营的实施过程进行检查。内部检查每次都要形成内部检查记录，以备企业自查或认证机构检查。

（2）对本企业管理体系进行监控，对其中不能持续满足有机标准的部分提出修改意见。

（3）配合认证机构的检查和认证工作，在认证检查时作为陪同人员，提供认证检查所需的文件资料、工具、设备等，并作为检查发现的见证人。

内部检查应是一个系统化、文件化并客观的获取证据并进行评价的验证过程。内部检查员根据企业的内部检查制度，制定内部检查方案，依据固定的检查的程序和方法，按固定的时间间隔，有计划地实施。内部检查应确保客观、公开。

七、有机茶追溯体系

（一）有机茶追溯体系的作用

有机产品国家标准要求，从事有机生产、加工及经营的企业必须建立可追溯体系，这一体系的建立是为了对生产过程和产品流向进行实时控制，以便在出现问题时能够及时找到原因。有机茶追溯体系是一套完整的可追溯保障机制，由一整套记录所组成。当有机茶生产、运输、加工、储藏、包装和销售等其中一环节出现问题时，依照追踪体系的相关记录进行追溯，可找到问题产生点的过程。为保证有机茶生产完整性和可追溯性，有机茶生产、加工者应建立完善的追踪体系。

另外，有机茶的质量审定和认证不仅是对终产品进行的检测，更重要的检查有机茶在生产、加工、贮藏、运输和销售过程中是否可能受到污染，是从土地到餐桌的全过程控制。有机茶追溯体系及其可追溯性（有效性）是有机茶生产、加工过程中的重要组成部分，完善的追溯体系既可以帮助有机茶生产者在产品出现问题时将损失降低到最低程度，又可以证明该企业有机茶生产活动过程的标准符合性，方便认证机构的检查和采信。

（二）如何建立完善的追溯体系

建立一个完善的有机茶追溯体系，应建立保存能追溯实际茶叶生产全过程的详细记录（如地块图、农事活动记录、加工记录、仓储记录、出入库记录、运输记录、销售记录、有机标志使用记录等）以及可跟踪的生产批次号系统。完整的追溯体系至少应包括：

（1）地块图。实施有机茶生产的茶园地块的大小、方位、边界、缓冲区和隔离带，相邻土地及边界土地的利用情况，周边的水源（河流、水井等）状况，同时需注明茶园地块特征的主要标示物。

（2）农事活动记录。记录茶园地块中农事活动，包括茶园栽培管理记录（茶园历史记录、茶树品种、茶树修剪、茶鲜叶采摘、水灌溉），土肥管理记录（耕作、施肥），病虫草害管理记录等。

（3）加工记录。记录从鲜叶进厂验收、经历各个加工工序、直到产品验收入库的详细情况。

（4）运输和销售有机产品及标志使用记录。包括出货单、销售发票、运输单证等，显示销售日期、茶叶等级、批次、数量、加贴有机标志数量和购买者等信息。

为了便于做好记录，中国农业科学院茶叶研究所根据茶叶生产的特点，编制了农事活动记录（表9-1）、加工记录（表9-2）和销售记录（表9-3）的参考表格。有机茶企业可以根据本企业有机茶活动的实际情况，建立适合本企业具体情况的记录系统，完善有机茶栽培、加工、贮藏、运输、包装和销售记录。

表9-1　茶场（园）农事活动记录

日期	地块号	农事活动内容	劳动力（人数）	使用原因	执行结果	负责人

表 9-2　茶厂加工记录表

日期	鲜叶记录			加工过程记录				备注
	等级、数量	地块号	负责人	加工工序	负责人	成品数量	批号	

表 9-3　茶叶销售记录表

日期	购货单位	品名等级	包装规格	数量	标志使用	批次号	发票号	负责人

农事活动包括施肥、除草、修剪、耕作、除虫、采摘和茶园投入物（农药和肥料）使用等；执行结果包括施肥数量（每亩）、修剪及耕作面积。

加工过程按每道工序分别填写，如绿茶加工包括摊青、杀青、揉捻、烘干等。

对于规模较大的加工厂，建议制作工艺流程卡，该卡随加工流程从上一工序交接到下一工序，直到加工完成产品入库。

产品批次号是企业内部给定的，用来对产品进行追踪和管理的每"批"产品的代码。产品批次号设置没有统一的标准要求，以利于企业管理和产品追溯为原则，但是批次号一旦建立，就应和生产过程活动保持一致性。产品批次号在有机茶生产、加工到销售的整个追溯体系中起着重要作用。

有机茶追溯体系设立的记录文件应覆盖有机茶生产、加工及经营活动的每个环节，有效的可追溯体系应可以实现双向追溯。

八、产品召回制度

随着社会各界对农产品食品质量安全问题的关注度日益提高，有机产品国家标准要求有机生产企业必须建立和保持有效的产品召回制度，有机茶生产自然也不例外。进行产品召回，必须建立在已有的行之有效的可追溯体系的基础上。有机产品国家标准要求企业必须建立文件化的产品召回制度，规定何种条件下的产品必须进行召回，规定采取何种方法进行召回、如何处理召回产品以及原因分析、采取纠正措施等内容，并且进行召回演练。企业必须对召回、通知、补救、原因分析及处理过程进行记录，并保留记录。

（一）召回通知

（1）当有机茶产品出厂后由经销商或顾客投诉该批或该类产品为不安全产品时，在第一时间内通知相关部门，并填写《客户投诉及处理记录》。相关部门接到通知后，立即组织对该批留样产品进行分析及评估，并填写《不合格品处置单》，必要时向客户索取投诉产品小样，确需召回时，由销售部门实施召回。

（2）当相关部门从留样观察中发现已发货的某批保质期内的有机茶存在污染隐患或变质时，及时通知销售部，并同时填写《不合格品处置单》给销售部，销售部实施主动召回。

（二）实施召回

实施召回指经评估确需召回时，由销售部第一时间通知客户或消费者召回主要信息，并将详细内容填写《召回通知》发给客户或消费者。《召回通知》包括产品批次、产品名称、规格、数量、联系人、联系电话、召回日期等。

（三）召回产品的处理

（1）召回的产品由销售部安排运输至仓库，仓库保管员对召回产品做明显标识并隔离存放。

（2）相关部门应详细记录召回产品的批次、数量、原因和结果。

（3）相关部门向责任部门发出《纠正和预防措施处理单》，要求有关部门采取纠正措施。

九、客户投诉的处理

有机茶企业应建立和保持有效的处理客户投诉的程序，并保留投诉处理全过程的记录，其中包括投诉的接受、登记、确认、调查、跟踪、反馈等。

（一）投诉接受

企业接到客户投诉之后，以书面形式向投诉处理部门呈交，由办公室与顾客取得联系，文明接待、认真询问，并做好投诉记录。由投诉处理部门会同相关部门进行投诉内容的取证、原因分析、对重大质量安全问题的申诉或投诉要报告企业最高管理者，由最高管理者召集有关人员对申诉或投诉质量问题的原因进行分析。

（二）原因分析

企业对投诉内容要进行证实性分析，凡得到确认的，要做原因分析；凡涉及有机茶质量安全问题的，要做取样、留样、化验、查档案、追溯等工作，寻找原因；凡属服务态度及其他非质量问题的可做特殊的个别处理。

（三）投诉处理

投诉意见经分析属非真实性的，由投诉处理部门会同相关部门反馈给顾客并作耐心解释，直到顾客确认为止。如果确属企业责任的，要向顾客作精神上或物资上的赔偿。双方不能解决的要求由第三方或司法部门进行仲裁解决。另外，对于客户投诉内容的原因要责令责任相关部门立即整改，以防止以后再出现类似问题。

十、有机茶生产、加工、经营管理体系的有效性

有机茶企业应通过各种方式对管理体系的有效性进行持续改进，促进有机生产、加工和经营的健康发展，以消除不符合或潜在不符合有机生产、加工和经营的因素。持续改进的方式主要是通过利用预防措施和纠正措施，但不应仅限于此，对质量方针、质量目标的落实情况，生产数据的分析，内部检查和认证机构审核结果，以及管理评审等都可以成为企业对自身管理体系进行持续改进的工具。持续改进可分为日常的渐进式改进和重大突破式改进。

（一）不符合的纠正及其纠正措施

对客户投诉、认证检查、内部检查等所发现的不符合项及产品，由有机茶生产、加工管理者召集人员，分析产生不符合原因、风险程度及承受的责任，提出纠正意见，落实纠正措施及实施方案，具体程序如下：

（1）有效地处理顾客的意见、产品不合格报告、认证检查员报告及内部检查报告等。

（2）调查与产品过程和质量体系有关的不符合产生的原因，并按《质量记录控制程序和管理》的规定借阅记录调查原因。

（3）确定消除不符合原因所需的纠正措施。

（4）严格实施过程控制，以确保纠正措施的执行及其有效性。

（5）内部检查员对不符合项纠正措施实施情况进行实地检查并验证。

（二）预防措施

（1）利用适当的信息来源，如影响产品质量的过程和作业、审核结果、服务报告和顾客意见及专家咨询等，以发现、分析并消除不符合的潜在原因。

（2）提出需要预防的措施及所要落实的职能部门。

（3）对采取预防措施并实施控制，以确保有效性。

（4）内部检查员对预防措施的实施情况进行实地检查验证。

（5）对已验证有效的纠正措施或预防措施而导致有关文件和资料的任务更改或补充，按对文件和资料控制和管理规定的程序进行更改和补充。

第十章　有机茶冲泡与品饮

第一节　有机茶的冲泡技术

一、冲泡要素

茶叶中的化学成分是组成茶叶色、香、味的物质基础，其中多数能在冲泡过程中溶解于水，从而形成了茶汤的色泽、香气和滋味。泡茶时，应根据不同茶类的特点，调整水的温度、浸润时间和茶叶的用量，从而使茶的香味色泽、滋味得以充分的发挥。综合起来，泡好一壶茶主要有四大要素：第一是投放茶量，第二是泡茶水温，第三是冲泡时间，第四是冲泡次数。

（一）投放茶量

冲泡不同类别的有机茶叶，应使用不同的茶具，茶叶的投放量也均有差异。但根据茶类及惯用的泡法，大体上可以将茶叶的投放量归纳为以下几种情况。

1. 绿茶类

1g绿茶，冲入开水50mL～60mL。通常一只容水量在100mL～150mL的玻璃杯，投茶量2g～3g。如果用壶泡法，茶叶用量按壶大小而定，一般以每克茶冲50mL～60mL水的比例，将茶叶投入茶壶待泡。细嫩的名优绿茶用量也可视品饮者的需要稍做调整。

2. 白茶类和黄茶类

冲泡白茶和黄茶时，用茶量与绿茶相仿，每克茶的开水用量为50mL～60mL。要注意的是，在冲泡针状白茶和黄茶（如白毫银针）时，每杯茶的投放量应恰到好处，太多和太少都不利于欣赏杯中茶的姿形景观。

3. 红茶类

红茶主要用清饮和调饮两种泡法。清饮泡法，每克茶用水量以50mL～60mL为宜，如选用红碎茶则每克茶叶用水量70mL～80 mL。调饮泡法是在茶汤中加入调料，如糖、牛奶、柠檬、咖啡、蜂蜜等，茶叶的投放量则可随品饮者的口味而定。

4. 花茶类

花茶多用盖碗冲泡，视盖碗大小，每碗置茶2g～3g，直接冲泡后饮用。

5. 乌龙茶类

乌龙茶因习惯浓饮，注重品味和闻香，故要汤少、味浓，用茶量以茶叶与茶壶比例来确定，投茶量大致是茶壶容积的1/3～1/2为宜。

6. 黑茶类

以普洱散茶为例，一般选用盖碗冲泡，投茶量为5g～8g，如用小壶冲泡，茶叶投放至四成即可。

上述置茶量为一般标准性，品茗时，则依个人习惯酌情增减。具体原则为：习惯品浓茶者，置茶量稍加，反之则稍减；优等级茶叶，置茶量稍减，反之则增加；用茶量多，浸泡时间应相对缩短，同时增加冲泡次数。

（二）泡茶水温

所谓泡茶水温，是指将水烧开之后，再让其冷却到所需的温度。若是无菌的生水，只要烧到所需的水温就可以了。一般来说，泡茶水温的高低，与茶中可溶于水的浸出物的浸出速度相关。水温越高，浸出速度越快，在相同的冲泡时间内，茶汤的滋味也就越浓。反之，水温越低，浸出速度越慢，茶汤的滋味也相对越淡。

泡茶水温的高低，还与茶的老嫩、松紧、大小有关。大致说来，茶叶原料粗老、紧实、整叶的，要比茶叶原料细嫩、松散、碎叶的茶汁浸出要慢得多，所以冲泡水温要高。

水温的高低，还与冲泡的品种花色有关。具体说来，普通绿茶用80℃～85℃的水冲泡，但遇到极细嫩的名优绿茶，一般只能用75℃～80℃的水冲泡。只有这样，泡出来的茶汤色清澈不浑，香气纯正，滋味鲜爽，叶底明亮，使人饮之可口。如果水温过高，汤色就会变黄；茶芽因"泡熟"而不能直立，失去欣赏性；维生素遭到大量破坏，降低营养价值；咖啡因、茶多酚的快速浸出，使茶汤产生苦涩味，这就是人们常说的把茶"烫熟"了。而且咖啡因、茶多酚的快速浸出，使得茶味淡薄，同样会降低饮茶的功效。

白茶和黄茶多采用细嫩的茶芽为原料加工而成，如白毫银针，但由于白茶不炒、不揉，自然萎凋至干或烘干，内含物质保留完整，细胞未破碎，因此冲泡温度可在90℃～95℃，这样可以使茶芽条条挺立，犹如雨后春笋，使饮茶者可以通过玻璃杯观赏茶芽的形和姿。而一些名优黄茶只能用70℃左右的开水冲泡，才不至于泡熟茶芽。

对于大宗的红茶、花茶而言，由于茶芽加工原料适中，可用90℃左右的开水冲泡。当冲泡乌龙茶、普洱茶等特种茶时，由于这些茶所选用的是较成熟的芽叶作原料，属半发酵茶，加之用茶量较大，所以须用100℃沸水直接冲泡，特别是乌龙茶为了避免温度降低，在泡茶前要用开水烫热茶具，冲泡后还要用开水淋壶加温，这样才能将茶汁充分浸泡出来。对于用粗老原料加工而成的砖茶，即使用100℃的沸水冲泡，也很难将茶汁浸泡出来。所以，喝砖茶时，须先将打碎的砖茶放入容器中，加入一定数量的水，再经煎煮，方能饮用。

（三）冲泡时间

有机茶叶的冲泡时间与茶叶的种类、泡茶水温、置茶量和饮茶习惯等都有关系，不可一概而论。一般来说，茶的滋味是随着冲泡时间延长而逐渐增浓的。

如用茶杯泡饮普通红茶、绿茶，每杯放干茶3g左右，用沸水150mL～200 mL，冲泡时间以3～5分钟为宜。时间太短，茶汤色浅淡；茶泡久了，增加茶汤涩味，香味还易丧失。质量好的茶，冲泡时间宜短，反之宜长些。

据测定，用沸水泡茶，首先浸提出来的是维生素、氨基酸、咖啡因等，大约到3分钟时，浸出物浓度最佳。因此，为了获取一杯鲜爽甘醇的茶汤，对红茶、绿茶而言，头泡茶以冲泡后3分钟左右饮用为好。若想再饮，到杯中剩有三分之一茶汤时，再续开水，以此类推。

对于注重香气的乌龙茶、花茶，泡茶时，为了不使茶香散失，不但需要加盖，而且冲泡时间不宜长，通常2～3分钟即可。由于泡乌龙茶时用茶量较大，第一泡1分钟就可将茶汤倾入杯中，自第二泡开始，每次应比前一泡增加15秒左右，这样可以使茶汤浓度不致相差太大。

另外，冲泡时间还与茶叶老嫩和茶的形态有关。一般说来，凡原料较细嫩、茶叶松散的，冲泡时间可相对缩短；相反，原料较粗老、茶叶紧实的，冲泡时间可相对延长。总之，冲泡时间的长短，最终还是以适合饮茶者的口味来确定为好。

（四）冲泡次数

一杯或一壶茶，究竟冲泡多少次最合适呢？据测定，茶叶中各种有效成分的浸出率是不一样的，最容易浸出的是氨基酸和维生素 C；其次是咖啡因、茶多酚、可溶性糖等。一般茶冲泡第一次时，茶中的可溶性物质能浸出50% ～ 55%；冲泡第二次时，能浸出 30% 左右；冲泡第三次时，能浸出约10%；冲泡第四次时，只能浸出 2% ～ 3%，几乎是白开水了。所以，通常以冲泡三次为宜。

名优绿茶通常只能冲泡 2 ～ 3 次；红茶中的袋泡红碎茶，冲泡一次就行了；红花、绿茶可连续冲泡 2 ～ 3 次；白茶、黄茶一般也只能冲泡 2 ～ 3 次；乌龙茶则较多，有"七泡有余香"之说。

有些人一杯茶喝一天是不可取的。茶叶冲泡过久不但毫无滋味，茶叶中对人身有害的物质也被浸出，饮用反而不妥。

二、泡茶的一般程序

有机茶的冲泡方法有简有繁，要根据具体情况，结合茶性而定。各地由于饮茶嗜好、地方风习的不同，冲泡方法和程序会有一些差异。但不论泡茶技艺如何变化，要冲泡任何一种茶，除了备茶、选水、烧水、配具之外，都共同遵守以下的泡茶程序。

（一）温具

用热水冲淋茶壶，包括壶嘴、壶盖，同时烫淋茶杯。随即将茶壶、茶杯沥干，其目的是提高茶具温度使茶叶冲泡后温度相对稳定，不使温度过快下降，这对较粗老茶叶的冲泡尤为重要。

（二）置茶

按茶壶或茶杯的大小，用茶匙置一定数量的茶叶入壶（杯）。如果用盖碗泡茶，泡好后可直接饮用，也可将茶汤倒入杯中饮用。

（三）冲泡

置茶入壶（杯）后，按照茶与水的比例，将开水冲入壶中。冲水时，除乌龙茶冲水须溢出壶口、壶嘴外，通常以冲水八分为宜。如果使用玻璃杯或门瓷杯冲泡注重欣赏的细嫩名茶，冲水也以七八分为度。冲水时，在民间常用"凤凰三点头"之法，即将茶壶下倾、上提三次。其意一是表示主人向宾客点头，欢迎致意；二是可使茶叶和茶水上下翻动，使茶汤浓度一致。

（四）奉茶

奉茶时，主人要面带笑容，最好用茶盘托着送给客人。如果直接用茶杯奉茶，放置客人处，手指并拢伸出，以示敬意。从客人侧面奉茶，若左侧奉茶，则用左手端杯，右手做请茶姿势；若右侧奉茶，则用右手端杯，左手作请茶姿势。这时，客人可右手除拇指外其余四指并拢弯曲，轻轻敲打桌面，或微微点头，以表谢意。

（五）赏茶

如果是高级名茶，那么，茶叶一经冲泡后，不可急于饮茶，应先观色察形，接着端杯闻香，再啜汤赏味。赏味时，应让茶汤从舌尖沿舌两侧流到舌根，再回到舌头，如此反复两三次，以留下茶汤清香甘甜的回味。

（六）续水

一般当已饮去2/3（杯）的茶汤时，就应续水入壶（杯）。若到茶水全部饮尽时再续水，续水后的茶汤就会淡而无味。通常续水两三次就足够了。如果还想继续饮茶，应该重新冲泡。

第二节　有机茶的品饮

一、品饮要义

品茶，是一门综合艺术。有机茶叶没有绝对的好坏之分，完全要看个人喜欢哪种口味而定。也就是说，各种茶叶都有它的高级品和劣等货。有机茶中有高级的乌龙茶，也有较差的乌龙茶；有上等的绿茶，也有下等的绿茶。所谓的好茶、坏茶是就比较品质的等级和主观的喜恶来说。

目前的品茶用茶，主要集中在两类：一是乌龙茶中的高级茶及其名丛，如铁观音、黄金桂、冻顶乌龙及武夷名丛、凤凰单丛等；二是以绿茶中的细嫩名茶为主，以及白茶、红茶、黄茶中的部分高档名茶。这些高档名茶，或色、香、味、形兼而有之，它们都在一个因子，两个因子，或某一个方面上有独特表现。

不好的茶并不是已经坏了的茶，而是就品质优劣来说。一般说来，判断茶叶的好坏可以从察看茶叶、嗅闻茶香、品尝茶味和分辨茶渣入手。

（一）观茶

观茶（察看茶叶）就是观赏干茶和茶叶开汤后的形状变化。所谓干茶就是未冲泡的茶叶；所谓开汤就是指干茶用开水冲泡出茶汤内质来。

茶叶的外形随种类的不同而有各种形态，有扁形、针形、螺形、眉形、珠形、球形、半球形、片形、曲形、兰花形、雀舌形、菊花形、自然弯曲形等，各具优美的姿态。而茶叶开汤后，茶叶的形态会产生各种变化，或快，或慢，宛如曼妙的舞姿，及至展露原本的形态，令人赏心悦目。

观察干茶要看干茶的干燥程度，如果有点回软，最好不要买。另外看茶叶的叶片是否整洁，如果有太多的叶梗、黄片、渣沫、杂质，则不是上等茶叶。然后，要看干茶的条索外形。条索是茶叶揉成的形态，什么茶都有它固定的形态规格，像龙井茶是剑片状，冻顶茶揉成半球形，铁观音茶紧结成球状，香片则切成细条或者碎条。不过，光是看干茶顶多只能看出 30%，并不能马上看出这是好茶或者是坏茶。

茶叶由于制作方法不同，茶树品种有别，采摘标准各异，因而形状显得十分丰富多彩，特别是一些细嫩名茶，大多采用手工制作，形态更加五彩缤纷，千姿百态。

（1）针形：外形圆直如针，如南京雨花茶、安化松针、君山银针、白毫银针等。

（2）扁形：外形扁平挺直，如西湖龙井、茅山青峰、安吉白片等。

（3）条索形：外形呈条状稍弯曲，如婺源茗眉、桂平西山茶、径山茶、庐山云雾等。

（4）螺形：外形卷曲似螺，如洞庭碧螺春、临海蟠毫、普陀佛茶、井冈翠绿等。

（5）兰花形：外形似兰，如太平猴魁、兰花茶等。

（6）片形：外形呈片状，如六安瓜片、齐名片等。

（7）束形：外形成束，如江山绿牡丹、婺源墨菊等。

（8）圆珠形：外形如珠，如泉岗辉白、涌溪火青等。此外，还有半月形、卷曲形、单芽形等等。

（二）察色

品茶观色，即观茶色、汤色和底色。

1. 茶色

茶叶依颜色分有绿茶、黄茶、白茶、青茶、红茶、黑茶等六大类（指干茶）。由于茶的制作方法不同，其色泽是不同的，有红与绿、青与黄、白与黑之分。即使是同一种茶叶，采用相同的制作工艺，也会因茶树品种、生态环境、采摘季节的不同，色泽上存在一定的差异。

例如，细嫩的高档绿茶，色泽有嫩绿、翠绿、绿润之分；高档红茶，色泽又有红艳明亮、乌润显红之别。

而闽北武夷岩茶的青褐油润，闽南铁观音的砂绿油润，广东凤凰水仙的黄褐油润，台湾冻顶乌龙的深绿油润，都是高级乌龙茶中有代表性的色泽，也是鉴别乌龙茶质量优劣的重要标志。

2. 汤色

冲泡茶叶后，内含成分溶解在沸水中的溶液所呈现的色彩，称为汤色。因此，不同茶类汤色会有明显区别，而且同一茶类中的不同花色品种、不同级别的茶叶，也有一定差异。一般说来，凡属上乘的茶品，都汤色明亮、有光泽，具体说来，绿茶汤色浅绿或黄绿，清而不浊，明亮澄澈；红茶汤色乌黑油润，若在茶汤周边形成一圈金黄色的油环，俗称金圈，更属上品；乌龙茶则以青褐光润为好；白茶，汤色微黄，黄中显绿，并有光亮。

将适量茶叶放在玻璃杯中，或者在透明的容器里用热水一冲，茶叶就会慢慢舒展开。可以同时泡几杯来比较不同茶叶的好坏，其中舒展顺利、茶汁分泌最旺盛、茶叶身段最为柔软飘逸的茶叶是最好的茶叶。

观察茶汤要快，要及时，因为茶多酚类溶解在热水中后与空气接触很容易氧化变色，如绿茶的汤色氧化即变黄；红茶的汤色氧化变暗等，时间拖延过久，会使茶汤混汤而沉淀，茶汤温度降至20℃以下后，常发生凝乳混汤现象，俗称"冷后浑"，这是红茶色素和咖啡因结合产生黄浆状不溶物的结果。冷后浑出现早且呈粉红色者是茶味浓，汤色艳的表征；冷后浑呈暗褐色，是茶味钝，汤色暗的红茶。

茶汤的颜色也会因为发酵程度的不同，以及焙火轻重的差别而呈现深浅不一的颜色。但是，有一个共同的原则，不管颜色深或浅，一定不能浑浊、灰暗，清澈透明才是好茶汤应该具备的条件。

一般情况下，随着汤温的下降，汤色会逐渐变深。在相同的温度和时间内，红茶汤色变化大于绿茶，大叶种大于小叶种，嫩茶大于老茶，新茶大于陈茶。茶汤的颜色，以冲泡滤出后10分钟以内来观察较能代表茶的原有汤色。不过千万要记住，在做比较的时候，一定要拿同一种类的茶叶做比较。

3.底色

底色就是欣赏茶叶经冲泡去汤后留下的叶底色泽。除看叶底显现的色彩外，还可观察叶底的老嫩、光糙、匀净等。

（三）赏姿

茶在冲泡过程中，经吸水浸润而舒展，或似春笋，或如雀舌，或若兰花，或像墨菊。与此同时，茶在吸水浸润过程中，还会因重力的作用，产生一种动感。太平猴魁舒展时，犹如一只机灵小猴，在水中上下翻动；君山银针舒展时，好似翠竹争阳，针针挺立；西湖龙井舒展时，活像春兰怒放。如此美景，掩映在杯水之中，真有茶不醉人人自醉之感。

（四）闻香

对于茶香的鉴赏一般要三闻：一是闻干茶的香气（干闻），二是闻开泡后充分显示出来的茶的本香（热闻），三是要闻茶香的持久性（冷闻）。

先闻干茶，干茶中有的清香，有的甜香，有的焦香，应在冲泡前进行，如绿茶应清新鲜爽、红茶应浓烈纯正、花茶应芬芳扑鼻、乌龙茶应馥郁清幽为好。如果茶香低而沉，带有焦、烟、酸、霉、陈或其他异味者为次品。

将少许干茶放在器皿中（或直接抓一把茶叶放在手中），闻一闻干茶的清香、浓香、糖香，判断一下有无异味、杂味等。

闻香的方式，多采用湿闻，即将冲泡的茶叶，按茶类不同，经 1～3 分钟后，将杯送至鼻端，闻茶汤面发出的茶香；若用有盖的杯泡茶，则可闻盖香和面香；倘用闻香杯作过渡盛器（如台湾人冲泡乌龙茶），还可闻杯香和面香。随着茶汤温度的变化，茶香还有热闻、温闻和冷闻之分。热闻的重点是辨别香气的正常与否，香气的类型如何，以及香气高低；冷闻则判断茶叶香气的持久程度；而温闻重在鉴别茶香的雅与俗，即优与次。

一般说，绿茶有清香鲜爽感，甚至有果香、花香者为佳；红茶以有清香、花香为上，尤以香气浓烈、持久者为上乘；乌龙茶以具有浓郁的熟桃香者为好；花茶则以具有清纯芬芳者为优。

透过玻璃杯，只能看出茶叶表面的优劣，至于茶叶的香气、滋味并不能够完全体会，所以开汤泡一壶茶来仔细品味是有必要的。茶泡好、茶汤倒出来后，可以趁热打开壶盖，或端起茶杯闻闻茶汤的热香，判断一下茶汤的香型（有菜香、花香、果香、麦芽糖香），同时要判断有无烟味、油臭味、焦味或其他的异味。这样，可以判断出茶叶的新旧、发酵程度、焙火轻重。在茶汤温度稍降后，即可品尝茶汤。这时可以仔细辨别茶汤香味的清浊浓淡及闻闻中温茶的香气，更能认识其香气特质。等喝完茶汤，茶渣冷却之后，还可以回过头来欣赏茶渣的冷香，嗅闻茶杯的杯底香。如果劣等的茶叶，这个时候香气已经消失殆尽了。

嗅香气的技巧很重要。在茶汤浸泡 5 分钟左右就应该开始嗅香气，最适合嗅茶叶香气的叶底温度为 45℃～55℃，超过此温度时，感到烫鼻；低于 30℃时，茶香低沉，特别对染有烟气、木气等异气者，很容易随热气挥发而变得难以辨别。

嗅香气应以左手握杯，靠近杯沿用鼻趁热轻嗅或深嗅杯中叶底发出的香气，也有将整个鼻部深入杯内，接近叶底以扩大接触香气面积，增加嗅感。为了正确判断茶叶香气的高低、长短、强弱、清浊及纯杂等，嗅时应重复一两次，但每次嗅时不宜过久，以免因嗅觉疲劳而失去灵敏感，一般是 3 秒左右。嗅茶香的过程是：吸（1 秒）—停（0.5 秒）—吸（1 秒），依照这样的方法嗅出茶的香气是"高温香"。另外，可以在品味时，嗅出茶的"中温香"。而在品味后，更可嗅茶的"低温香"或者"冷香"。好的茶叶，有持久的香气。只有香气较高且持久的茶叶，才有余香、冷香，也才会是好茶。

热闻的办法也有三种，一是从氤氲的水汽中闻香，二是闻杯盖上的留香，三是用闻香杯慢慢地细闻杯底留香。例如，安溪铁观音冲泡后有一股浓郁的天然花香，红茶具有甜香和果味香，绿茶则有清香，花茶除了茶香外，还有不同的天然花香。茶叶和香气与所用原料的鲜嫩程度和制作技术的高下有关，原料越细嫩，所含芳香物质越多，香气也越高。

冷闻则在茶汤冷却后进行，这时可以闻到原来被茶中芳香物掩盖着的其他气味。

（五）尝味

尝味指尝茶汤的滋味。茶汤滋味是茶叶的甜、苦、涩、酸、辣、腥、鲜等多种呈味物质综合反映的结果，如果它们的数量和比例适合，就会变得鲜醇可口，回味无穷。茶汤的滋味以微苦中带甘为最佳。好茶喝起来甘醇浓稠，有活性，喝后喉头甘润的感觉持续很久。

一般认为，绿茶滋味鲜醇爽口，红茶滋味浓厚、强烈、鲜爽，乌龙茶滋味醇醇回甘，是上乘茶的重要标志。由于舌的不同部位对滋味的感觉不同，所以，尝味时要使茶汤在舌头上循环滚动，才能正确而全面地分辨出茶味来。

品滋味时，舌头的姿势要正确。把茶汤吸入嘴内后，舌尖顶住上层齿根，嘴唇微微张开，舌稍向上抬，使茶汤摊在舌的中部，再用腹部呼吸从口慢慢吸入空气，使茶汤在舌上微微滚动，连吸两次气后，辨出滋味。若初感有苦味的茶汤，应抬高舌位，把茶汤压入舌根，进一步评定苦的程度。对有烟味的茶汤，应把茶汤送入口后，嘴巴闭合，舌尖顶住上颚板，用鼻孔吸气，把口腔鼓大，使空气与茶汤充分接触后，再由鼻孔把气放出。这样重复两三次，对烟味的判别效果就会明确。

品味茶汤的温度以40℃～50℃为最适合，如高于70℃，味觉器官容易烫伤，影响正常的品味；低于30℃时，味觉品评茶汤的灵敏度较差，且溶解于茶汤中与滋味有关的物质，在汤温下降时，逐步被析出，汤味由协调变为不协调。

品味时，每一品茶汤的量以5mL左右最适宜。过多时，感觉满嘴是汤，口中难于回旋辨味；过少也觉得嘴空，不利于辨别。每次在3～4秒内，将5mL的茶汤在舌中回旋2次，品味3次即可，也就是一杯15mL的茶汤分3次喝，就是"品"的过程。

品味要自然，速度不能快，也不宜大力吸，以免茶汤从齿间隙进入口腔，使齿间的食物残渣被吸入口腔与茶汤混合，增加异味。品味主要是品茶的浓淡、强弱、爽涩、鲜滞、纯异等。为了真正品出茶的本味，在品茶前最好不要吃有强烈刺激味觉的食物，如辣椒、葱蒜、糖果等，也不宜吸烟，以保持味觉与嗅觉的灵敏度。在喝下茶汤后，喉咙感觉应是软甜、甘滑，有韵味，齿颊留香，回味无穷。

二、各类茶的品饮

品饮茶汤滋味，观看茶叶沉浮，嗅闻茶气清香，感受茶味淡苦，人生的跌宕起伏、酸甜苦辣皆在其中。茶类不同，花色不一，其品质特性各不相同，因此，不同的茶，品鉴的侧重点不一样，由此导致品茶方法上的不同。

（一）高级细嫩绿茶的品饮

高级细嫩绿茶，色、香、味、形都别具一格，讨人喜爱，品茶时，可先透过晶莹清亮的茶汤，观赏茶的沉浮、舒展和姿态，再察看茶汁的浸出、渗透和汤色的变幻，然后端起茶杯，先闻其香，再呷上一口，含在口，慢慢在口舌间来回旋动，如此往复品赏。

（二）乌龙茶的品饮

乌龙茶的品饮，重在闻香和尝味，不重品形。在实践过程中，又有闻香重于品味的（如台湾地区），或品味更重于闻香的（如东南亚一带），潮汕一带强调热品，即洒茶入杯，以拇指和食指按杯沿，中指抵杯底，慢慢由远及近，使杯沿接唇，杯面迎鼻，先闻其香，尔后将茶汤含在口中回旋，徐徐品饮其味，通常三小口见杯底，再嗅留存于杯中茶香。台湾采用的是温品，更侧重于闻香。品饮时先将壶中茶汤趁热倾入公道杯，尔后分注于闻香杯中，再一一倾入对应的小杯内，而闻香杯内壁留存的茶香，正是人们品乌龙茶的精髓所在。品啜时，先将闻香杯置于双手手心间，使闻香杯口对准鼻孔，再用双手慢慢来回搓动闻香杯，使杯中香气尽可能得到最大限度的享用。至于啜茶方式，与潮、汕地区无太大差异。

（三）红茶品饮

红茶，人称迷人之茶，这不仅由于色泽红艳油润、滋味甘甜可口，还因为品饮红茶，除清饮外，还喜欢调饮，酸的如柠檬，辛的如肉桂，甜的如砂糖，润的如奶酪。

品饮红茶重在领略它的香气、滋味和汤色，所以，通常多采用壶泡后再分洒入杯。品饮时，先闻其香，再观其色，然后尝味。饮红茶须在品字上下功夫，缓缓斟饮，细细品味，方可获得品饮红茶的真趣。

（四）花茶品饮

花茶，融茶之味、花之香于一体，茶的滋味为茶汤的本味，花香为茶滋之精神，茶味与花香巧妙地融合，构成茶汤适口、芬芳的特有韵味，故而人称花茶是诗一般的茶叶。

花茶常用有盖的白瓷杯或盖碗冲泡，高级细嫩花茶也可以用玻璃杯冲泡。高级花茶一经冲泡后，可立时观赏茶在水中的飘舞、沉浮、展姿，以及茶汁的渗出和茶汤色泽的变幻称为"目品"。当冲泡 2～3 分钟后，即可用鼻闻香，称为"鼻品"。茶汤稍凉适口时，喝少许茶汤在口中停留，以口吸气、鼻呼气相结合的方法使茶汤在舌面来回流动，品尝茶味和余香后再咽下，谓之"口品"。

（五）白茶与黄茶品饮

白茶属轻微发酵茶，制作时，通常将鲜叶经萎凋后，直接烘干而成，所以，汤色和滋味均较清淡。黄茶的品质特点是黄汤黄叶，通常制作是未经揉捻，因此，茶汁很难浸出。

由于白茶和黄茶，特别是白茶中的白毫银针，黄茶中的君山银针，具有极高的欣赏价值，因此是以观赏为主的一种茶品。当然悠悠的清雅茶香，淡淡的澄黄茶色，微微的甘醇滋味，也是品赏的重要内容。所以在品饮前，可先观干茶，它似银针落盘，如松针铺地，再用直筒无花纹的玻璃杯以 70℃的开水冲泡，观赏茶芽在杯水中上下浮动，最终个个林立的过程，接着，闻香观色。通常要在冲泡后 2～3 分钟左右才开始尝味。这些茶侧重观赏性，其品饮的方法带有一定的特殊性。

参考文献

[1] 黎星辉，傅尚文．有机茶生产大全 [M]．北京：化学工业出版社，2012.

[2] 黎星辉，黄启为．有机茶生产原理与技术 [M]．长沙：湖南科学技术出版社，2003.

[3] 刘新．有机茶生产与管理技术问答 [M]．北京：金盾出版社，2008.

[4] 杨如兴，王振康，曾明森．有机茶生产技术 [M]．福州：福建科学技术出版社，2008.

[5] 卢振辉．有机茶无公害茶生产技术 [M]．杭州：杭州出版社，2001.

[6] 吴运翔，吴欣．有机茶开发指南 [M]．合肥：安徽科学技术出版社，2001.

[7] 张伟光．福建有机茶生产技术与实践 [M]．北京：中国农业出版社，2011.

[8] 陈红卫．有机农业研究与推广 [M]．北京：华文出版社，2008.

[9] 高振宁，赵克强，肖兴基．有机农业与有机食品 [M]．北京：中国环境科学出版社，2009.

[10] 熊庆元．茶 [M]．济南：山东文艺出版社，2014.

[11] 沈星荣．有机茶加工认证现场检查关注的内容 [J]．中国茶叶，2019，41（8）：14–17，33.

[12] 周燕君，傅尚文．有机茶认证申请规范材料的准备 [J]．中国茶叶，2019，41（7）：15–18，48.

[13] 汪秋红，傅尚文．有机茶生产企业如何建立有机产品管理体系文件 [J]．中国茶叶，2019，41（6）：14–17.

[14] 傅尚文．中国有机茶的发展历史与现状 [J]．中国茶叶，2019，41（04）：9–11.

[15] 杨理显 . 有机茶变绿色财富 [J]. 当代贵州，2019（13）：14-15.

[16] 廖彩虹 . 浅议有机茶园建设与管理 [J]. 南方农业，2018，12（27）：13+15.

[17] 王剑 . 探究有机茶标准化栽培的土壤管理及施肥技术 [J]. 农民致富之友，2018（16）：189.

[18] 邱永前 . 有机茶栽培技术 [J]. 乡村科技，2018（24）：66-67.

[19] 张弛，席运官，肖兴基 . 有机农业推动绿色发展与面源污染防控 [J]. 世界环境，2018（04）：36-39.

附录

附录 l

ICS 67. 140. 10
B 35   NY

中华人民共和国农业行业标准
NY 5196—2002

有机茶
Organic tea

2002 - 07 - 25 发布   2002 - 09 - 01 实施

中华人民共和国农业部　发布

前　言

本标准由中华人民共和国农业部提出。

本标准主要起草单位：中国农业科学院茶叶研究所、农业部茶叶质量监督检验测试中心。

本标准主要起草人：卢振辉、傅尚文、邬志祥、刘栩、金寿珍。

有机茶

1　范围

本标准规定了有机茶的术语和定义、要求、试验方法、检验规则、标志、标签、包装、贮藏、运输和销售的要求。

本标准适用于有机茶。

2　规范性引用文件

下列文件中的条款通过本标准的引用而成为本标准的条款。凡是注日期的引用文件，其随后所有的修改单（不包括勘误的内容）或修订版均不适用于本标准，然而，鼓励根据本标准达成协议的各方研究是否可使用这些文件的最新版本。凡是不注日期的引用文件，其最新版本适用于本标准。

GB 191 包装储运图示标志

GB/T 5009.12　食品中铅的测定方法

GB/T 5009.13　食品中铜的测定方法

GB/T 5009.19　食品中六六六、滴滴涕残留量的测定方法

GB/T 5009.20　食品中有机磷农药残留量的测定方法

GB 7718　食品标签通用标准

GB/T 8302　茶取样

GB 1680　食品包装用原纸卫生标准

GB/T 17332　食品中有机氯和拟除虫菊酯类农药多种残留的测定

3　术语和定义

下列术语和定义适用于本标准。

有机茶 organic tea

在原料生产过程中遵循自然规律和生态学原理，采取有益于生态和环境的可持续发展的农业技术，不使用合成的农药、肥料及生长调节剂等物质，在加工过程中不使用合成的食品添加剂的茶叶及相关产品。

4　要求

4.1　基本要求

4.1.1　产品具有各类茶叶的自然品质特征，品质纯正，无劣变、无异味。

4.1.2　产品应洁净，且在包装、贮藏、运输和销售过程中不受污染。

4.1.3　不着色，不添加人工合成的化学物质和香味物质。

4.2　感官品质

各类有机茶的感官品质应符合本类本级实物标准样品质特征或产品实际执行的相应常规产品的国家标准、行业标准、地方标准或企业标准规定的品质要求。

4.3　理化品质

各类有机茶的理化品质应符合产品实际执行的相应常规产品的国家标准、行业标准、地方标准或企业标准的规定。

4.4　卫生指标

各类有机茶的卫生指标必须符合表 1 规定。

表 1　有机茶的卫生指标

项目	指标／（mg/kg）	备注
铅（以 Pb 计）	≤ 2	紧压茶 ≤ 5
铜（以 Cu 计）	≤ 30	
六六六（BHC）	< Loda	
滴滴涕（DDT）	< Loda	
三氯杀螨醇（dicofol）	< Loda	
氰戊菊酯（fenvalerate）	< Loda	
联苯菊酯（biphenthrin）	< Loda	

项目	指标／（mg/kg）	备注
氯氰菊酯（cypermethrin）	< Loda	
溴氰菊酯（deltamethrin）	< Loda	
甲胺磷（methamidophos）	< Loda	
乙酰甲胺磷（acephate）	< Loda	
乐果（dimethoate）	< Loda	
敌敌畏（dichlorovos）	< Loda	
杀螟硫磷（fenitrothion）	< Loda	
喹硫磷（quinalphos）	< Loda	
其他化学农药	< Loda	视需要检测
a 为指定方法的检出限。		

4.5　包装净含量允差

定量包装规格由企业自定。单件定量包装有机茶的净含量负偏差见表2。

表 2　净含量负偏差

净含量	负偏差	
	占净含量的百分比 /%	质量 / g
5g ～ 50g	9	–
50g ～ 100g	–	4.4
100g ～ 200g	4.5	–
200g ～ 300g	–	9
300g ～ 500g	3	–
501g ～ 1000g	–	15
1kg ～ 10kg	1.5	–
10kg ～ 15kg	–	150

净含量	负偏差	
	占净含量的百分比 /%	质量 / g
15kg ～ 25kg	1.0	－

5　试验方法

5.1　取样

按 GB/T 8302 规定执行。

5.2　卫生指标的检测

5.2.1　铅的检测按 GB/T 5009.12 规定执行。

5.2.2　铜的检测按 GB/T 5009.13 规定执行。

5.2.3　六六六、滴滴涕检测按 GB/T 5009.19 规定执行。

5.2.4　三氯杀螨醇、氰戊菊酯、联苯菊酯、氯氰菊酯和溴氰菊酯检测按 GB/T 17332 规定执行。

5.2.5　乐果、敌敌畏、杀螟硫磷、喹硫磷和甲胺磷、乙酰甲胺磷检测按 GB/T 5009.20 规定执行。

5.3　净含量检测

用感量为 1g 的秤称取去除包装的产品，与产品标示值对照进行。

5.4　包装标签检验

按 GB 7718 规定执行。

6　检验规则

6.1　组批规则

产品均应按批（唛）为单位，同批（唛）有机茶的品质规格和包装应一致。

6.2　交收（出厂）检验

6.2.1　每批产品交收（出厂）前，生产单位应进行检验，检验合格并附有合格证的产品方可交收（出厂）。

6.2.2　交收（出厂）检验内容为感官品质、水分、粉末、净含量和包装标签。

6.2.3　卫生指标为交收（出厂）定期抽检项目。

6.2.4 总灰分、水浸出物、粗纤维为交收（出厂）抽检项目。

6.3 型式检验

6.3.1 型式检验是对产品质量进行全面考核，有下列情形之一者，应对产品质量进行型式检验：

a）因人为或自然因素使生产环境发生较大变化；

b）国家质量监督机构或主管部门提出型式检验要求。

6.3.2 型式检验即对本标准规定的全部要求进行检验。

6.4 检验结果判定

6.4.1 凡劣变、污染、有异气味茶叶，均判为不合格产品。

6.4.2 卫生指标检验不合格，不得作为有机茶。

6.4.3 交收检验时，按 6.2.3 规定的检验项目进行检验，其中有一项检验不合格，不得作为有机茶。

6.4.4 型式检验时，技术要求规定的各项检验，其中有一项不符合技术要求的产品，不得作为有机茶。

6.5 复验

对检验结果产生异议时，应对留存样进行复检，或在同批（唛）产品中重新按 GB/T 8302 规定加倍取样，对不合格的项目进行复检，以复检结果为准。

6.6 跟踪检查

建立从种植开始到贸易全过程各个环节的文档资料及质量跟踪记录系统，供发现质量问题时进行跟踪检查。

7 标志、标签

7.1 标志

7.1.1 有机茶标志要醒目、整齐、规范、清晰、持久。

7.1.2 产品出厂按顺序编制唛号。唛号刷于外包装。唛号纸加注件数净重，贴于箱盖或置于包装袋中。

7.2 标签

有机茶产品的包装标签必须按照 GB 7718 规定执行。

8 包装、贮藏、运输

8.1 包装

8.1.1 有机茶避免过度包装。

8.1 2　包装必须符合牢固、整洁、防潮、美观的要求，能保护茶叶品质，便于装卸、仓贮和运输。

8.1.3　同批次（唛）茶叶的包装样式、箱种、尺寸大小、包装材料、净质量必须一致。

8.1.4　包装材料

8.1.4.1　包装（含大小包装）材料必须是食品级包装材料，主要有：纸板、聚乙烯（PE）、铝箔复合膜、马口铁茶听、白板纸、内衬纸及捆扎材料等。

8.1.4.2　包装材料应具有防潮、阻氧等保鲜性能，无异味，必须符合食品卫生要求，不受杀菌剂、防腐剂、熏蒸剂、杀虫剂等物品的污染，并不得含有荧光染料等污染物。

8.1.4.3　包装材料的生产及包装物的存放必须遵循不污染环境的原则。宜选用容易降解或再生的材料。禁用聚氯乙烯（PVC）、混有氯氟碳化合物（CFC）的膨化聚苯乙烯等作包装材料。

8.1.4.4　包装用纸必须符合 GB 11680 规定。

8.1.4.5　对包装废弃物应及时清理、分类，进行无害化处理。

8.2　贮藏

8.2.1　禁止有机茶与人工合成物质接触，严禁有机茶与有毒、有害、有异味、易污染的物品接触。

8.2.2　有机茶与常规茶叶必须分开贮藏，提倡设有机茶专用仓库。仓库必须清洁、防潮、避光和无异味，周围环境清洁卫生，远离污染源。

8.2.3　用生石灰及其他防潮材料除湿时，要避免茶叶与生石灰等除湿材料直接接触，并定期更换。宜采用低温、充氮或真空贮藏。

8.2.4　入库的有机茶标志和批次号系统要清楚、醒目、持久。严禁标签、唛号与货物不符的茶叶进入仓库。不同批号、日期的产品要分别存放。建立齐全的仓库管理档案，详细记载出入仓库的有机茶批号、数量和时间。

8.2.5　保持仓库的清洁卫生，搞好防鼠、防虫、防霉工作。禁止吸烟和吐痰，严禁使用化学合成的杀虫剂、灭鼠剂及防霉剂。

8.3　运输

8.3.1　运输工具必须清洁卫生，干燥，无异味。严禁与有毒、有害、有异味、易污染的物品混装、混运。

8.3.2　装运前必须进行有机茶的质量检查，在标签、批号和货物三者符合的情况下才能运输。

8.3.3　包装储运图示标志必须符合 GB 191 规定。

9 销售

9.1 有机茶进货、销售、账务、消毒及工具要有专人负责。严禁有机茶与常规茶拼合作有机茶销售。

9.2 销售点应远离厕所、垃圾场和产生有毒、有害化学物质的场所，室内建筑材料及器具必须无毒、无异气味。室内必须卫生清洁，并配有有机茶的贮藏、防潮、防蝇和防尘设施，禁止吸烟和随地吐痰。

9.3 直接盛装有机茶的容器必须严格消毒，彻底清洗干净，并保持干燥整洁。

9.4 销售人员应持健康合格证上岗，保持销售场地、柜台、服装、周围环境的清洁卫生。销售人员应了解有机茶的基本知识。

9.5 销售单位要把好进货关，供货单位应提交有机茶证书附件并提供有机茶交易证明，以及相应的其他法律或证明文件。严格按有机茶质量标准检查，检查内容包括茶叶品质、规格、批号和卫生状况等。拒绝接受证货不符或质量不符合标准的有机茶产品。

9.6 销售人员对所出售的茶叶应随时检查，一旦发现变质、过期等不符合标准的茶叶应立即停止销售。有异议时，应对留存样进行复验，或在同批（唛）产品中重新按 GB/T 8302 规定加倍取样，对有异议的项目进行复验，以复验结果为准。如意见仍不一致，可以封存茶样，委托上级部门或法定检验检测机构进行仲裁。

附录 2

ICS 62. 020. 20
B 35   NY

中华人民共和国农业行业标准
NY/T 5197-2002

有机茶生产技术规程
Technological regulations for organic tea production

2002 - 07 - 25 发布   2002 - 09 - 01 实施

中华人民共和国农业部 发布

前 言

本标准附录 A. 附录 B、附录 C 和附录 D 为规范性附录。

本标准由中华人民共和国农业部提出。

本标准起草单位：中国农业科学院茶叶研究所，农业部茶叶质量监督检验测试中心。

本标准起草人：韩文炎、肖强、唐美君、马立峰、石元值、阮建云、金寿珍、傅尚文、卢振辉。

有机茶生产技术规程

1 范围

本标准规定了有机茶生产的基地规划与建设、土壤管理和施肥、病虫草害防治、茶树修剪和采摘、转换、试验方法和有机茶园判别。

本标准适用于有机茶的生产。

2 规范性引用文件

下列文件中的条款通过本标准的引用而成为本标准的条款。凡是注日期的引用文件，其随后所有的修改单（不包括勘误的内容）或修订版均不适用于本标准，然而，鼓励根据本标准达成协议的各方研究是否可使用这些文件的最新版本。凡是不注日期的引用文件，其最新版本适用于本标准。

GB 11767　茶树种子和苗木

GB/T 14551　生物质量六六六和滴滴涕的测定　气相色谱法

NY 227　微生物肥料

NY 5196　有机茶

NY 5199　有机茶产地环境条件

CL 32（Rev.1）联合国有机食品生产、加工、标识和市场导则

3 基地规划与建设

3.1　有机茶生产基地应按 NY 5199 的要求进行选择。

3.2　基地规划

3.2.1　有利于保持水土，保护和增进茶园及其周围环境的生物多样性，维护茶园生态平衡，发挥茶树良种的优良种性，便于茶园排灌、机械作业和田间日常作业，促进茶叶生产的可持续发展。

3.2.2　根据茶园基地的地形、地貌，合理设置场部（茶厂）、种茶区（块）、道路、排蓄灌水利系统，以及防护林带、绿肥种植区和养殖业区等。

3.2.3　新建基地时，对坡度大于 25°，土壤深度小于 60 cm，以及不宜种植茶树的区域应保留自然植被。对于面积较大且集中连片的基地，每隔一定面积应保留或设置一些林地。

3.2.4 禁止毁坏森林发展有机茶园。

3.3 道路和水利系统

3.3.1 设置合理的道路系统，连接场部、茶厂、茶园和场外交通，提高土地利用率和劳动生产率。

3.3.2 建立完善的排灌系统，做到能蓄能排。有条件的茶园建立节水灌溉系统。

3.3.3 茶园与四周荒山陡坡、林地和农田交界处应设置隔离沟、带；梯地茶园在每台梯地的内侧开一条横沟。

3.4 茶园开垦

3.4.1 茶园开垦应注意水土保持，根据不同坡度和地形，选择适宜的时期、方法和施工技术。

3.4.2 坡度15°以下的缓坡地等高开垦；坡度在15°以上的，建筑等高梯级园地。

3.4.3 开垦深度在60 cm以上，破除土壤中硬塥层、网纹层和犁底层等障碍层。

3.5 茶树品种与种植

3.5.1 品种应选择适应当地气候、土壤和茶类，并对当地主要病虫害有较强的抗性。加强不同遗传特性品种的搭配。

3.5.2 种子和苗木应来自有机农业生产系统，但在有机生产的初始阶段无法得到认证的有机种子和苗木时，可使用未经禁用物质处理的常规种子与苗木。

3.5.3 种苗质量应符合GB 11767中规定的1、2级标准。

3.5.4 禁止使用基因工程繁育的种子和苗木。

3.5.5 采用单行或双行条栽方式种植，坡地茶园等高种植。种植前施足有机底肥，深度为30 cm ～ 40 cm。

3.6 茶园生态建设

3.6.1 茶园四周和茶园内不适合种茶的空地应植树造林，茶园的上风口应营造防护林。主要道路、沟渠两边种植行道树，梯壁坎边种草。

3.6.2 低纬度低海拔茶区集中连片的茶园可因地制宜种植遮阴树，遮光率控制在20% ～ 30%。

3.6.3 对缺丛断行严重、密度较低的茶园，通过补植缺株，合理剪、采、养等措施提高茶园覆盖率。

3.6.4 对坡度过大、水土流失严重的茶园应退茶还林或还草。

3.6.5 重视生产基地病虫草害天敌等生物及其栖息地的保护，增进生物多样性。

3.7 每隔 2 hm² ～ 3 hm² 茶园设立一个地头积肥坑。并提倡建立绿肥种植区。尽可能为茶园提供有机肥源。

3.8 制定和实施有针对性的土壤培肥计划，病、虫、草害防治计划和生态改善计划等。

3.9 建立完善的农事活动档案，包括生产过程中肥料、农药的使用和其他栽培管理措施。

4 土壤管理和施肥

4.1 土壤管理

4.1.1 定期监测土壤肥力水平和重金属元素含量，一般要求每 2 年检测一次。根据检测结果，有针对性地采取土壤改良措施。

4.1.2 采用地面覆盖等措施提高茶园的保土蓄水能力。将修剪枝叶和未结籽的杂草作为覆盖物，外来覆盖材料如作物秸秆等应未受有害或有毒物质的污染。

4.1.3 采取合理耕作、多施有机肥等方法改良土壤结构。耕作时应考虑当地降水条件，防止水土流失。对土壤深厚、松软、肥沃，树冠覆盖度大，病虫草害少的茶园可实行减耕或免耕。

4.1.4 提倡放养蚯蚓和使用有益微生物等生物措施改善土壤的理化和生物性状，但微生物不能是基因工程产品。

4.1.5 行距较宽、幼龄或台刈改造的茶园，优先间作豆科绿肥，以培肥土壤和防止水土流失，但间作的绿肥或作物必须按有机农业生产方式栽培。

4.1.6 土壤 pH 值低于 4.5 的茶园施用白云石粉等矿物质，而高于 6.0 的茶园可使用硫黄粉调节土壤 pH 值至 4.5 ～ 6.0 的适宜范围。

4.1.7 土壤相对含水量低于 70% 时，茶园宜节水灌溉。灌溉用水符合 NY 5199 的要求。

4.2 施肥

4.2.1 肥料种类

4.2.1.1 有机肥，指无公害化处理的堆肥、沤肥、厩肥，沼气肥、绿肥、饼肥及有机茶专用肥。但有机肥料的污染物质含量应符合表1的规定，并经有机认证机构的认证。

4.2.1.2 矿物源肥料、微量元素肥料和微生物肥料，只能作为培肥土壤的辅助材料。微量元素肥料在确认茶树有潜在缺素危险时作叶面肥喷施。微生物肥料应是非基因工程产物，并符合 NY 227 的要求。

4.2.1.3　土壤培肥过程中允许和限制使用的物质见附录 A。

4 2.1.4　禁止使用化学肥料和含有毒、有害物质的城市垃圾、污泥和其他物质等。

4.2.2　施肥方法

4.2.2.1　基肥一般每 667m² 施农家肥 1 000kg ～ 2 000kg，或用有机肥 200kg ～ 400kg，必要时配施一定数量的矿物源肥料和微生物肥料，于当年秋季开沟深施，施肥深度 20cm 以上。

4.2.2.2　追肥可结合茶树生育规律进行多次，采用腐熟后的有机液肥，在根际浇施；或每 667m² 每次施商品有机肥 100kg 左右，在茶叶开采前 30d ～ 40d 开沟施入，沟深 10cm 左右，施后覆土。

4.2.2.3　叶面肥根据茶树生长情况合理使用，但使用的叶面肥必须在农业部登记并获得有机认证机构的认证。叶面肥料在茶叶采摘前 10 d 停止使用。

表 1　商品有机肥料污染物质允许含量

单位为毫克每千克

项目		浓度限值
砷	≤	30
汞	≤	5
镉	≤	3
铬	≤	70
铅	≤	60
铜	≤	250
六六六	≤	0.2
滴滴涕	≤	0.2

5 病、虫、草害防治

5.1 遵循防重于治的原则，从整个茶园生态系统出发，以农业防治为基础，综合运用物理防治和生物防治措施，创造不利于病虫草滋生而有利于各类天敌繁衍的环境条件，增进生物多样性，保持茶园生物平衡，减少各类病虫草害所造成的损失。

5.2 农业防治

5.2.1 换种改植或发展新茶园时，选用对当地主要病虫抗性较强的品种。

5.2.2 分批多次采茶，采除假眼小绿叶蝉、茶橙瘿螨、茶白星病等危害芽叶的病虫，抑制其种群发展。

5.2.3 通过修剪，剪除分布在茶丛中上部的病虫。

5.2.4 秋末结合施基肥，进行茶园深耕，减少土壤中越冬的鳞翅目和象甲类害虫的数量。

5.2.5 将茶树根际落叶和表土清理至行间深埋，防治叶病和在表土中越冬的害虫。

5.3 物理防治

5.3.1 采用人工捕杀，减轻茶毛虫、茶蚕、蓑蛾类、卷叶蛾类、茶丽纹象甲等害虫的危害。

5.3.2 利用害虫的趋性，进行灯光诱杀、色板诱杀、性诱杀或糖醋诱杀。

5.3.3 采用机械或人工方法防除杂草。

5.4 生物防治

5.4.1 保护和利用当地茶园中的草蛉、瓢虫和寄生蜂等天敌昆虫，以及蜘蛛、捕食螨、蛙类、蜥蜴和鸟类等有益生物，减少人为因素对天敌的伤害。

5.4.2 允许有条件地使用生物源农药，如微生物源农药、植物源农药和动物源农药。

5.5 农药使用准则

5.5.1 禁止使用和混配化学合成的杀虫剂、杀菌剂、杀螨剂、除草剂和植物生长调节剂。

5.5.2 植物源农药宜在病虫害大量发生时使用。矿物源农药应严格控制在非采茶季节使用。

5.6 从国外或外地引种时，必须进行植物检疫，不得将当地尚未发生的危险性病虫草随种子或苗木带入。

5.7 有机茶园主要病虫害及防治方法见附录 B。

5.8 有机茶园病虫害防治允许、限制使用的物质与方法见附录C。

6 茶树修剪与采摘

6.1 茶树修剪

6.1.1 根据茶树的树龄、长势和修剪目的分别采用定型修剪、轻修剪、深修剪、重修剪和台刈等方法，培养优化型树冠，复壮树势。

6.1.2 覆盖度较大的茶园，每年进行茶树边缘修剪，保持茶行间 20 cm 左右的间隙，以利田间作业和通风透光，减少病虫害发生。

6.1.3 修剪枝叶应留在茶园内，以利于培肥土壤。病虫枝条和粗干枝清除出园，病虫枝待寄生蜂等天敌逸出后再行销毁。

6.2 采摘

6.2.1 应根据茶树生长特性和成品茶对加工原料的要求，遵循采留结合、量质兼顾和因树制宜的原则，按标准适时采摘。

6.2.2 手工采茶宜采用提手采，保持芽叶完整、新鲜、匀净，不夹带鳞片、茶果与老枝叶。

6.2.3 发芽整齐，生长势强，采摘面平整的茶园提倡机采。采茶机应使用无铅汽油，防止汽油、机油污染茶叶、茶树和土壤。

6.2.4 采用清洁、通风性良好的竹编网眼茶篮或篓筐盛装鲜叶。采下的茶叶应及时运抵茶厂，防止鲜叶变质和混入有毒、有害物质。

6.2.5 采摘的鲜叶应有合理的标签，注明品种、产地、采摘时间及操作方式。

7 转换

7.1 常规茶园成为有机茶园需要经过转换。生产者在转换期间必须完全按本生产技术规程的要求进行管理和操作。

7.2 茶园的转换期一般为 3 年。但某些已经在按本生产技术规程管理或种植的茶园，或荒芜的茶园，如能提供真实的书面证明材料和生产技术档案，则可以缩短甚至免除转换期。

7.3 已认证的有机茶园一旦改为常规生产方式，则需要经过转换才有可能重新获得有机认证。

8 试验方法

8.1 商品有机肥料中砷、汞、镉、铬、铅、铜的测定按 NY 227 执行。

9 有机茶园判别

9.1 茶园的生态环境达到有机茶产地环境条件的要求。

9.2 茶园管理达到有机茶生产技术规程的要求。

9.3 由认证机构根据标准和程序判别。

附录 A

（规范性附录）
有机茶园允许和限制使用的土壤培肥和改良物质

表 A·1

类别	名称	使用条件
有机农业体系生产的物质	农家肥	允许使用
	茶树修剪枝叶	允许使用
	绿肥	允许使用
非有机农业体系产生的物质	茶树修剪枝叶、绿肥和作物秸秆	限制使用
	农家肥（包括堆肥、沤肥、厩肥、沼气肥、家畜粪尿等）	限制使用
	饼肥(包括菜籽饼、豆籽饼、棉籽饼、芝麻饼、花生饼等）	未经化学方法加工的允许使用
	充分腐熟的人粪尿	只能用于浇施茶树根部，不能用作叶面肥
	未经化学处理木材产生的木料、树皮、锯屑、刨花、木灰和木炭等	限制使用
	海草及其用物理方法生产的产品	限制使用
	未掺杂防腐剂的动物血、肉、骨头和皮毛	限制使用
	不含合成添加剂的食品工业副产品	限制使用
	鱼粉、骨粉	限制使用
	不含合成添加剂的泥炭、褐炭、风化煤等含腐殖酸类的物质	允许使用
	经有机认证机构认证的有机茶专用肥	允许使用

类别	名称	使用条件
矿物质	白云石粉、石灰石和白垩	用于严重酸化的土壤
	碱性炉渣	限制使用，只能用于严重酸化的土壤
	低氯钾矿粉	未经化学方法浓缩的允许使用
	微量元素	限制使用，只能用作叶面肥
	天然硫黄粉	允许使用
	镁矿粉	允许使用
	氯化钙、石膏	允许使用
	窑灰	限制使用，只能用于严重酸化的土壤
	磷矿粉	镉含量不大于90mg/kg的允许使用
	泻盐类（含水硫酸岩）	允许使用
	硼酸岩	允许使用
其他物质	非基因工程生产的微生物肥料（固氮菌、根瘤菌、磷细菌和硅酸盐细菌肥料等）	允许使用
	经农业部登记和有机认证的叶面肥	允许使用
	未经污染的植物制品及其提取物	允许使用

附录 B

（规范性附录）
有机茶园主要病虫害及其防治方法

表 B·1

病虫害名称	防治时期	防治措施
假眼小绿叶蝉	5～6月，8～9月若虫盛发期，百叶虫口；夏茶5～6头、秋茶>10头时施药防治	1. 分批多次采茶，发生严重时可机采或轻修剪； 2. 湿度大的天气，喷施白僵菌制剂； 3. 秋末采用石硫合剂封园； 4. 可喷施植物源农药：鱼鳞酮、清源保
茶毛虫	各地代数不一，防治时期有异，一般在5～6月中旬，8～9月。幼虫3龄前施药	1. 人工摘除越冬卵或人工摘除群集的虫叶；结合清园，中耕消灭虫蛹，灯光诱杀成虫； 2. 幼虫期喷施茶毛虫病毒制剂； 3. 喷施Bt制剂；或喷施植物源农药：鱼鳞酮、清源保
茶尺蠖	年发生代数多，以第3、4、5代（6～8月下旬）发生严重，每平方米幼虫数>7头即应防治	1. 组织人工挖蛹，或结合冬耕施基肥深埋虫蛹； 2. 灯光诱杀成虫； 3. 1～2龄幼虫期喷施茶尺蠖病毒制剂； 4. 喷施Bt制剂；或喷施植物源农药：鱼鳞酮、清源保
茶橙瘿螨	5月中下旬、8～9月发现个别枝条有为害状的点片发生时，即应施药	1. 勤采春茶； 2. 发生严重的茶园，可喷施矿物源农药：石硫合剂、矿物油

病虫害名称	防治时期	防治措施
茶丽纹象甲	5～6月下旬，成虫盛发期	1. 结合茶园中耕与冬耕施基肥，消灭虫蛹； 2. 利用成虫假死性人工振落捕杀； 3. 幼虫期土施白僵菌制剂或成虫其喷施白僵菌制剂
黑刺粉虱	江南茶区5～6月中下旬，7月上旬，9月下旬至10月上旬	1. 及时疏枝清园、中耕除草，使茶园通风透光； 2. 湿度大的天气喷施粉虱真菌制剂；3. 喷施石硫合剂封园
茶饼病	春、秋季发病期，5天中有3天上午日照 <3h，或降雨量 2.5mm～5mm 芽梢发病率 >35%	1. 秋季结合深耕施肥，将根际枯枝深埋土中；2. 喷施多抗霉素；3. 喷施波尔多液

附录 C

（规范性附录）
有机茶园病虫害防治允许和限制使用的物质与方法

表 C·1

种类		名称	使用条件
生物源农药	微生物源农药	多抗霉素（多氧霉素）	限量使用
		浏阳霉素	限量使用
		华光霉素	限量使用
		春雷霉素	限量使用
		白僵菌	限量使用
		绿僵菌	限量使用
		苏云金杆菌	限量使用
		核型多角体病毒	限量使用
		颗粒体病毒	限量使用
	动物源农药	性信息素	限量使用
		寄生性天敌动物，如赤眼蜂、昆虫病原线虫	限量使用
		捕食性天敌动物，如瓢虫、捕食螨、天敌蜘蛛	限量使用
	植物源农药	苦参碱	限量使用
		鱼藤酮	限量使用
		除虫菊素	限量使用
		印楝素	限量使用
		苦楝	限量使用
		川楝素	限量使用
		植物油	限量使用
		烟叶水	只限于非采茶季节

种类	名称	使用条件
矿物源农药	石硫合剂	非生产季节使用
	硫悬浮剂	非生产季节使用
	可湿性硫	非生产季节使用
	硫酸铜	非生产季节使用
	石灰半量式波尔多液	非生产季节使用
	石油乳油	非生产季节使用
其他物质和方法	二氧化碳	允许使用
	明胶	允许使用
	糖醋	允许使用
	卵磷脂	允许使用
	蚁酸	允许使用
	软皂	允许使用
	热法消毒	允许使用
	机械诱捕	允许使用
	灯光诱捕	允许使用
	色板诱杀	允许使用
	漂白粉	限制使用
	生石灰	限制使用
	硅藻土	限制使用

附录 D

（规范性附录）
有机茶生产中使用其他物质的评估

未列入附录 A 和附录 C 的在有机茶园使用的其他物质和方法，根据本附录进行评价。

D.1　使用土壤培肥和土壤改良物质的原则

D.1.1　该物质是为了保持土壤肥力或为满足特殊的营养要求所必需的。

D.1.2　　该物质的配料来自植物、动物、微生物或矿物，宜经过物理（机械、热）处理或酶处理或微生物（堆肥、消化）处理。

D.1.3　该物质的使用不会导致对环境的污染以及对土壤生物的影响。

D.1.4　该物质的使用不应对最终产品的质量和安全性产生较大的影响。

D.2　使用控制植物病虫草害物质的原则

D.2.1　该物质是防治有害生物或特殊病害所必需的，而且除此物质外没有其他可以替代的方法和技术。

D.2.2　该物质（活性化合物）来源于植物、动物、微生物或矿物，宜经过物理处理、酶处理或微生物处理。

D.2.3　该物质的使用不会导致环境污染。

D.2.4　如果某物质的天然数量不足，可考虑使用与该自然物质的性质相同的化学合成物质，如化学合成的外激素（性诱剂），使用前提是不会直接或间接造成环境或产品的污染。

D.3　评估

D.3.1　评估意义

应定期对外部投入的物质进行评价能促使有机生产对人类、动物以及环境和生态系统越来越有益。

D.3.2　评估投入物质的准则

对投入物质应从作物产量、品质、环境安全性、生态保护、景观、人类和动物的生存条件等方面进行全面评估。限制投入物质用于特种农作物（尤其是多年生农作物）、特定的区域和特定的条件。

D.3.3　投入物质的来源和生产方法

D.3.3.1 投入物质一般应来源于（按先后选用顺序）有机物（植物、动物、微生物）、矿物、等同于天然产品的化学合成物质。应优先选择可再生的投入物质，再选择矿物源物质，最后选择化学性质等同天然产品的投入物质。在允许使用化学性质等同的投入物质时需要考虑其在生态上、技术上或经济上的理由。

D.3.3.2 投入物质的配料可以经过机械处理、物理处理、酶处理、微生物作用处理、化学处理（作为例外并受限制）。

D.3.3.3 采集投入物质的原材料时，不得影响自然环境的稳定性，也不得影响采集区内任何物种的生存。

D.3.4　环境影响

D.3.4.1 投入物质不得危害环境，如对地面水、地下水、空气和土壤造成污染。这些物质在加工、使用和分解过程中对环境的影响必须进行评估。

D.3.4.2 投入物质可降解为二氧化碳、水和其他矿物形态。对投入的无毒天然物质没有规定的降解时限。

D.3.4.3 对非靶生物有高急性毒性的投入物质的半衰期不自己超过 5 天，并限制其使用，如规定最大允许使用量。若无法采取可以保证非靶生物生存的措施，则不得使用该投入物质。

D.3.4.4 不得使用在生物或生物系统中蓄积的投入物质，也不得使用已经知道有或怀疑有诱变性或致癌性的投入物质。

D.3.4.5 投入物质中不应含有致害的化学合成物质（异生化合制品）。仅在其性质完全与自然界的产品相同时，才可允许使用化学合成的产品。

D.3.4.6 投入矿物质的重金属含量应尽可能低。任何形态铜的使用必须视为临时性，必须限制使用。

D.3.5 人体健康和产品质量

D.3.5.1 投入物质必须对人体健康没有影响。必须考虑投入物质在加工、使用和降解过程中是否有危害。应采取一些措施，降低投入物质的使用危险，并制定投入物质在有机茶中使用的标准。

D.3.5.2 投入物质对产品质量如味道、保质期和外观质量等应无不良影响。

D.3.5.3 伦理和信心

D.3.5.3.1 投入物质对饲养动物的自然行为或机体功能应无不利影响。

D.3.5.3.2 投入物质的使用不应造成消费者对有机茶产品产生抵触或反感。投入物质的问题不应干扰人们对天然或有机产品的总体感觉或看法。

附录 3

ICS 67. 140. 10
X 55

NY

中华人民共和国农业行业标准
NY/T 5198—2002

有机茶加工技术规程
Organic tea processing

2002 - 07 - 25 发布

2002 - 09 - 01 实施

中华人民共和国农业部　发布

前　言

本标准的附录 A、附录 B 为规范性附录。

本标准由中华人民共和国农业部提出。

本标准起草单位：中国农业科学院茶叶研究所、农业部茶叶质量监督检验测试中心。

本标准主要起草人：刘新、舒爱民、金寿珍、张优、刘栩、尹军峰。

有机茶加工技术规程

1 范围

本标准规定了有机茶加工的要求、试验方法和检验规则。

本标准适用于各类有机茶初制、精制加工，再加工和深加工。

2 规范性引用文件

下列文件中的条款通过本标准的引用而成为本标准的条款。凡是注日期的引用文件，其随后所有的修改单（不包括勘误的内容）或修订版均不适用于本标准，然而，鼓励根据本标准达成协议的各方研究是否可使用这些文件的最新版本。凡是不注日期的引用文件，其最新版本适用于本标准。

GB 3095 环境空气质量标准

GB 5749 生活饮用水卫生标准

3 要求

3.1 原料

3.1.1 鲜叶原料应采自颁证的有机茶园，不得混入来自非有机茶园的鲜叶。不得收购掺假、含杂质以及品质劣变的鲜叶或原料。鲜叶运抵加工厂后，应摊放于清洁卫生、设施完好的贮青间；鲜叶禁止直接摊放在地面。

3.1.2 用于加工花茶的鲜花应采自有机种植园或有机转换种植园。颁证的芳香植物可窨制茶叶。

3.1.3 鲜叶和鲜花的运输、验收、贮存操作应避免机械损伤、混杂和污染，并完整、准确地记录鲜叶和鲜花的来源和流转情况。

3.1.4 再加工和深加工产品所用的主要原料应是有机原料，有机原料按质量计不得少于 95 %（食盐和水除外）。

3.2 辅料

3.2.1　允许使用认证的天然植物作茶叶产品的配料。

3.2.2　茶叶加工中可用制茶专用油、乌桕油润滑与茶叶直接接触的金属表面。

3.2.3　深加工的配料允许使用常规配料，但不得超过总质量的5%。常规配料不得是基因工程产品，应获得有机认证机构的许可，该许可需每年更新。一旦能获得有机食品配料，应立即用有机食品配料替换常规配料。

3.2.4　作为配料的水和食用盐，应符合国家食品卫生标准。

3.2.5　禁止使用人工合成的色素、香料、黏结剂和其他添加剂。

3.2.6　允许使用本标准附录A中所列的添加剂和加工助剂以及调味品、微生物制品；超出此范围的添加剂和加工助剂，应根据附录B进行评估。

3.3　加工厂

3.3.1　茶叶加工厂所处的大气环境不低于GB 3095中规定的二级标准要求。

3.3.2　加工厂离开垃圾场、医院200m以上；离开经常喷洒化学农药的农田100 m以上，离开交通主干道20 m以上，离开排放"三废"的工业企业500 m以上。

3.3.3　茶叶加工用水、冲洗加工设备用水应达到GB 5749的要求。

3.3.4　设计、建筑有机茶加工厂应符合《中华人民共和国环境保护法》《中华人民共和国食品卫生法》的要求。

3.3.5　应有与加工产品、数量相适应的原料、加工和包装车间，车间地面应平整、光洁，易于冲洗；墙壁无污垢，并有防止灰尘侵入的措施。

3.3.6　加工厂应有足够的原料、辅料、半成品和成品仓库。原材料、半成品和成品不得混放。茶叶成品采用符合食品卫生要求的材料包装后，送入具有密闭、防潮和避光的茶叶仓库，有机茶与常规茶应分开贮存。宜用低温保鲜库贮存茶叶。

3.3.7　加工厂粉尘最高容许浓度为每立方米10 mg。

3.3.8　加工车间应采光良好、灯光照度达到500 Lx以上。

3.3.9　加工厂应有更衣室、盥洗室、工休室，应配有相应的消毒、通风、照明、防蝇、防鼠、防蟑螂、污水排放、存放垃圾和废弃物的设施。

3.3.10　加工厂应有卫生行政管理部门发放的卫生许可证。

3.4　加工设备

3.4.1　不宜使用铅及铅锑合金、铅青铜、锰黄铜、铅黄铜、铸铝及铝合金材料制造接触茶叶的加工零部件。液态加工设备禁止使用易锈蚀的金属材料。

3.4.2　加工设备的炉灶、供热设备应布置在生产车间墙外；需在生产车间内添加燃料，应设搬运燃料的隔离通道，并备有燃料贮藏箱和灰渣贮藏箱。可用电、天然气、柴（重）油、煤作燃料，少用或不用木材作燃料。

3.4.3　加工设备的油箱、供气钢瓶以及锅炉等设施与加工车间应留安全距离。

3.4.4　高噪声设备应安装在车间外或采取降低噪声的措施，车间内噪声不得超过 80 dB。强烈震动的加工设备应采取必要的防震措施。

3.4.5　允许使用无异味、无毒的竹、木等天然材料以及不锈钢、食品级塑料制成的器具和工具。

3.4.6　新购设备和每年加工开始前要清除设备的防锈油和锈斑。茶季结束后，应清洁、保养加工设备。

3.4.7　有机茶加工应采用专用设备。

3.5　加工人员

3.5.1　加工人员上岗前应经过有机茶知识培训，了解有机茶的生产、加工要求。

3.5.2　加工人员上岗前和每年度均应进行健康检查，持健康证上岗。

3 5.3　加工人员进入加工场所应换鞋，穿戴工作衣、帽，并保持工作服的清洁。包装、精制车间工作人员需戴口罩上岗。

3.5.4　不得在加工和包装场所用餐和进食食品。

3.6　加工方法

3.6.1　加工工艺应保持原料的有效成分和营养成分，可以使用机械、冷冻、加热、微波、烟熏等处理方法、微生物发酵和自然发酵工艺；可以采用提取、浓缩、沉淀和过滤工艺，但提取溶剂仅限于符合国家食品卫生标准的水、乙醇、二氧化碳、氮，在提取和浓缩工艺中不得采用其他化学试剂。

3.6.2　禁止在加工和贮藏过程中采用离子辐射处理。

3.7　质量管理及跟踪

3.7.1　应制定符合国家或地方卫生管理法规的加工卫生管理制度，茶叶加工和茶叶包装场地应在加工开始前全面清洗消毒一次。茶叶深加工厂应每天清洗或消毒。所有加工设备、器具和工具使用前应清洗干净。若与常规加工共用设备，应在常规加工结束后彻底清洗或清洁。保证加工产品不被常规产品或外来物质污染。

3.7.2　应制定和实施质量控制措施，关键工艺应有操作要求和检验方法，并记录执行情况。

3.7.3　应建立原料采购、加工、贮存、运输、入库、出库和销售的完整档案记录，原始记录应保存三年以上。

3.7.4　每批加工产品应编制加工批号或系列号，批号或序列号一直沿用到产品终端销售，并在相应的票据上注明加工批号和系列号。

附录 A

（规范性附录）
有机茶深加工产品中允许使用的非农业源配料

A.1 添加剂、加工助剂和载体

国际标号	添加剂名称	备注（限制条件）
INS170	碳酸钙	
INS270	乳酸	
INS290	二氧化碳	
INS300	抗坏血酸	只有在不能获得天然的抗坏血酸产品时使用
INS306	生育粉(混合天然浓缩剂)	
INS330	柠檬酸	
INS333	柠檬酸钙	
INS334	酒石酸	
INS413	黄芪胶	
INS414	阿拉伯树胶	
INS415	黄原胶	
INS500	碳酸钠、碳酸氢钠	
INS524	其氧化钠	
INS941	氮	
INS984	氧	
（以下无标号）	活性炭	

国际标号	添加剂名称	备注（限制条件）
	不含石棉的过滤材料	
	膨润土	
	硅藻土	
	酒精	
	明胶	
	植物油	
	微生物及霉制品	限制使用为非基因工程产品
	其他添加剂和助剂	由有机认证机构按附录 B 准则进行评估
注：添加剂可能含载体，这些载体应予以评估		

A.2　调味品

A.2.1　香精油：以油、水、酒精、二氧化碳为溶剂通过机械和物理方法制成。

A.2.2　天然烟熏味调味。

A.2.3　天然调味品：由有机认证机构按附录 B 准则进行评估。

A.3　微生物制品

A.3.1　天然微生物及其制品：基因工程生物及其产品除外。

A.3.2　发酵剂：生产过程无漂白剂和有机溶剂。

A.4　其他配料

A.4.1　饮用水：符合 GB 5749 生活饮用水卫生标准。

A.4.2　食盐：符合国家食品卫生标准。

A.4.3　矿物质（包括微量元素）和维生素：法律规定应使用，或有确凿证据证明食品中严重缺乏时才可以使用。

附录 B

（规范性附录）
评估添加剂和加工助剂的准则

附录 A 中不能列出所有允许使用的物质，当某种物质未被列入附录时，认证机构应根据以下准则对该物质进行评估，以确定其是否适合在有机茶深加工中使用。

B.1 必要性

每种添加剂和加工助剂在生产加工中必不可缺，没有这些添加剂和加工助剂，产品就无法生产和保存。

B.2 核准添加剂和加工助剂的条件

B.2.1 没有可用于加工或保存有机产品的其他工艺。

B.2.2 添加剂或加工助剂的使用最大限度地降低了产品的物理损坏或机械损坏。并有效地保证食品卫生。

B.2.3 天然来源物质的质量和数量不足以取代该添加剂或加工助剂。

B.2.4 添加剂或加工助剂不妨碍产品的有机完整性。

B.2.5 添加剂或加工助剂的使用不会给消费者造成判断质量的困惑，但不限于色素和香料。

B.2.6 添加剂和加工助剂的使用不应损坏产品的总体品质。

B.3 使用添加剂和加工助剂的优先顺序

B.3.1 应优先选用按照有机认证基地生产的作物及其加工产品，这些产品不需添加其他物质，例如作增稠剂用的面粉或作为脱模剂用的植物油。以及用机械或物理方法生产的植物和动物来源的食品或原料，如盐。

B.3.2　选用物理方法或用酶生产的单纯食品成分，例如淀粉和果胶。非农业源原料的提纯产物和微生物，酵母培养物等酶和微生物制剂。

B.4　不允许使用的添加剂和加工助剂

B.4.1　与天然物质"性质等同的"人工合成物质。

B.4.2　基本判断为非天然的或为"食品成分新结构"的合成物质，如乙酰交联淀粉。

B.4.3　用基因工程方法生产的添加剂或加工助剂。

B.4.4　人工合成色素和合成防腐剂。

附录 4

ICS 13. 020. 50
Z 51
NY

中华人民共和国农业行业标准
NY 5199—2002

有机茶产地环境条件
Environmental condition for organic tea production area

2002 - 07 - 25 发布
2002 - 09 - 01 实施

中华人民共和国农业农村部　发布

前　言

本标准由中华人民共和国农业部提出。

本标准起草单位：中国农业科学院茶叶研究所、农业部质量监督检验测试中心。

本标准主要起草人：韩文炎、石元值、马立峰、阮建云、金寿珍、鲁成银、傅尚文、刘新。

有机茶产地环境条件

1 范围

本标准规定了有机茶产地环境条件的要求、试验方法和检验规则。

本标准适用于有机茶产地。

2 规范性引用文件

下列文件中的条款通过本标准的引用而成为本标准的条款。凡是注日期的引用文件，其随后所有的修改单（不包括勘误的内容）或修订版均不适用于本标准，然而，鼓励根据本标准达成协议的各方研究是否可使用这些文件的最新版本。凡是不注日期的引用文件，其最新版本适用于本标准。

GB/T 6920 水质 pH 值的测定 玻璃电极法

GB/T 7467 水质 六价铬的测定 二苯碳酰二肼分光光度法

GB/T 7468 水质 总汞的测定 冷原子吸收分光光度法（eqv ISO 566 -1 ～ 566 -3）

GB/T 7475 水质 铜、锌、铅、镉的测定 原子吸收分光光谱法（ neq ISO/DP 8288）

GB/T 7483 水质 氟化物的测定 氟试剂分光光度法

GB/T 7484 水质 氟化物的测定 离子选择电极法

GB/T 7485 水质 总砷的测定 二乙基二硫代氨基甲酸银分光光度法（ neq ISO 6595）

GB/T 7486 水质 氰化物的测定 第一部分：总氰化物的测定（eqv ISO 6703 -1 ～ 6703–2）

GB/T 8170 数值修约规则

GB/T 11898 水质 游离氯和总氯的测定 N，N- 二乙基 –1，4– 苯二胺分光光度法

GB/T 15262 环境空气 二氧化硫的测定 甲醛吸收 – 副玫瑰苯胺分光光度法

GB/T 15432 环境空气 总悬浮颗粒物的测定 重量法

GB/T 15433 环境空气 氟化物的测定 石灰滤纸·氟离子选择电极法

GB/T 15434　环境空气　氟化物质量浓度的测定　滤膜·氟离子选择电极法

GB/T　15435 环境空气　二氧化氮的测定　Saltzman 法

GB/T 16488　水质　石油类和动植油的测定　红外光度法

GB/T l7134　土壤质量　总砷的测定　二乙基二硫代氨基甲酸银分光光度法

GB/T 17135　土壤质量　总砷的测定　硼氢化钾－硝酸银分 光光度法

GB/T 17136　土壤质量　总汞的测定　冷原子吸收分光光度法

GB/T 17137　土壤质量　总铬的测定　火焰原子吸收分光光度法

GB/T 17138　土壤质量　铜、锌的测定　火焰原子吸收分光光度法

GB/T 17140　土壤质量　铅、镉的测定　KI－MIBK 萃取火焰原子吸收分光光度法

GB/T 17141　土壤质量 铅、镉的测定石墨炉原子吸收分光光度法

NY/T 395-2000　农田土壤环境质量监测技术规范采样技术和 pH 值的测定

NY/T 396-2000　农用水源环境质量监测技术规范　采样技术

NY/T 397-2000　农区环境空气质量监测技术规范　采样技术

3　要求

3.1　基本要求

3.1 1　有机茶产地应水土保持良好，生物多样性指数高，远离污染源和具有较强的可持续生产能力。有机茶园与交通干线的距离应在 1000m 以上。

3.1.2　有机茶园与常规农业生产区域之间应有明显的边界和隔离带，以保证有机茶园不受污染。隔离带以山和自然植被等天然屏障为宜，也可以是人工营造的树林和农作物。农作物应按有机农业生产方式栽培。

3.2　空气

有机茶园环境空气质量应符合表 1 的要求。

表 1　有机茶园环境空气质量标准

项目		日平均	1h 平均
总悬浮颗粒物（TSP）/（mg/m³）（标准状态）	≤	0.12	—
二氧化硫（SO₂）/（mg/m³）（标准状态）	≤	0.05	0.15

项目		日平均	1h 平均
二氧化氮（NO$_2$）/（mg/m^3（标准状态）	≤	0.08	0.12
氟化物（F）（标准状态）	≤	7μg/m^3	20μg/m^3
		1.8μg/（dm^3·d）	—
注：日平均指任何一日的平均浓度；1h 平均指任何一小时的平均浓度			

3.3 土壤

有机茶园土壤环境质量应符合表 2 的要求。

表 2 有机茶园土壤环境质量标准

项目		浓度限值
pH 酸碱度		4.0～6.5
镉/（mg/kg）	≤	0.20
汞/（mg/kg）	≤	0.15
砷/（mg/kg）	≤	40
铅/（mg/kg）	≤	50
铬/（mg／kg）	≤	90
铜/（mg/kg）	≤	50

3.4 灌溉水

有机茶园灌溉水应符合表 3 的要求。

表3　有机茶园灌溉水质标准

项目		浓度限值
Ph 值		5.5 ～ 7.5
总汞 /（mg / L）	≤	0.001
总镉 /（（mg / L）	≤	0.005
总砷 /（mg/L）	≤	0.05
总铅 /（mg/L）	≤	0.1
铬（六价）/（mg / L）	≤	0.1
氰化物 /（mg/L）	≤	0.5
氯化物 /（mg/L）	≤	250
氟化物 /（mg/L）	≤	2.0
石油类 /（mg / L）	≤	5

4　试验方法

4.1　取样方法

4.1.1　环境空气按 NY/T 397—2000 执行。

4.1.2　土壤按 NY/T 395—2000 执行。

4.1.3　灌溉水按 NY/T 396—2000 执行。

4.2　空气

4.2.1　总悬浮颗粒的测定：按 GB/T 15432 执行。

4.2.2　二氧化硫的测定：按 GB/T 15262 执行。

4.2.3　二氧化氮的测定：按 GB/T 15435 执行。

4.2.4　氟化物的测定：按 GB/T 15433 或 GB/T 15434 执行。

4.3　土壤

4.3.1　pH 值的测定：按 NY/T 395 提供的方法执行。

4.3.2　铅和镉的测定：按 GB/T 17140 或 GB/T 17141 执行。

4.3.3　汞的测定：按 GB/T 17136 执行。

4.3.4　砷的测定：按 GB/T 17134 或 GB/T 17135 执行。

4.3.5 铬的测定：按 GB/T 17137 执行。

4 3.6 铜的测定：按 GB/T 17138 执行。

4.4 *灌溉水*

4.4.1 pH 值的测定：按 GB/T 6920 执行。

4.4.2 汞的测定：按 CB/T 7468 执行。

4.4.3 铅和镉的测定：按 GB/T 7475 执行。

4.4.4 砷的测定：按 GB/T 7485 执行。

4.4.5 六价铬的测定：按 GB/T 7467 执行。

4.4.6 氰化物的测定：按 GB/T 7486 执行。

4.4.7 氯化物的测定：按 GB/T 11898 执行。

4.4.8 氟化物的测定：按 GB/T 7483 或 GB/T 7484 执行。

4.4.9 石油类的测定：按 GB/T 16488 执行。

5 检测规则

5.1 有机茶产地空气、土壤和灌溉水各项指标评价采用单项污染指数法，如有一项不合格，则该产地不符合有机茶产地环境条件。

5.2 检验结果的数据修订按 GB/T 8170 执行。